費曼物理學講義 II
電磁與物質
2 介電質、磁與感應定律

The Feynman Lectures on Physics
The New Millennium Edition
Volume 2

By Richard P. Feynman,
Robert B. Leighton, Matthew Sands

李精益　譯
高涌泉　審訂

費曼物理學講義 II
電磁與物質
2 介電質、磁與感應定律

目錄

第16章 感應電流 181

第17章 感應定律 205

費曼物理學講義 II
電磁與物質

目錄

1 靜電與高斯定律

2　介電質、磁與感應定律

3 馬克士威方程

4 電磁場能量動量、折射與反射

5 磁性、彈性與流體

The Feynman

中文版前言

高涌泉

電磁學是費曼最喜歡的物理之一。大家知道費曼是因為解決量子電動力學的難題而獲得諾貝爾獎，依據他諾貝爾獎演講稿〈量子電動力學時空觀的發展〉（The development of the spacetime view of quantum electrodynamics）所述，他在學生時代就已經花了很多時間思索如何解決量子電動力學的難題，也從中找到他「深愛」的一個巧妙點子，那就是「電子不會對自己施力」，他最初以為只要依這樣的想法去修正古典電磁學，便可解決量子電動力學中電子自能（self energy）無窮大的麻煩。雖然費曼進研究所就讀後，便發現這樣的想法有問題，不能成立，但這個點子卻孕育出了費曼的諾貝爾獎工作。總之，費曼於古典電磁學下過很多工夫，對於電磁學有很多深刻的見解。

所以我們可能會以為，當費曼頭一回在 1962 ～ 1963 年對大二學生講授電磁學時，必然用上一堆他人所無的妙招，深入淺出的將電磁學介紹出來。沒想到費曼自己卻在本套書的序言中如此評估：「我自己覺得，就物理而言，第一年的課程令人相當滿意。第二年則不是很令我滿意，原因是第二年課程一開始，輪到討論電與磁。我實在想不出來，有什麼能夠不跟往常雷同、卻又比較有趣的講解方式。」也就是說，費曼為了無法以不脫俗套的方式解說電磁學而失望！

可是我們如果細看此《費曼物理學講義》第II卷的內容，就會發現其中還是有很多異（優）於其他電磁學教科書之處，例如：

一、費曼早在第13章就以狹義相對論的觀點來討論具體物理情境中的磁現象，目的是讓學生儘早知道電磁學與狹義相對論的密切關係。

二、費曼在第15章介紹向量位勢如何在量子力學中扮演關鍵角色以及著名的AB效應（Aharonov-Bohm effect），並且比較了磁場與向量位勢場的意義。這些精采的討論充滿費曼風格，現在讀起來還是過人一等。

三、他不停強調「相同的方程式有相同的解」，教導學生從類比的觀點來看待不同的物理現象。

四、費曼在第23章引入重要的貝色函數（Bessel function）的手法便是與眾不同。他的討論比一般微分方程課本的說明更有物理味道，物理系的學生不應錯過。

五、他在第28章討論電磁質量，將極重要但一般只有到了研究所才學到的概念介紹給大二學生。只有藝高如費曼者，才能大膽的這麼做。

我用以上幾個例子來說明費曼對於第二年課程的自我評估不夠客觀：他講解電磁學的方式絕對是「不跟往常雷同、卻又比較有趣的講解方式」。費曼的對手，與他同年紀，也同因量子電動力學而獲諾貝爾物理獎的許溫格（Julian Schwinger, 1918-1994）就曾感嘆過：「那個費曼，總是有些新鮮的說法。」總之，大師就是大師！《費曼物理學講義》第II卷絕對和其他兩卷一樣精采。

2008年10月

第10章 介電質

10-1 介電常數

現在，我們開始討論物質在電場影響下的另一種奇特的性質。在先前有一章中，我們考慮過**導體**的行爲，其中電荷爲了響應電場而自由移至一些點上，使得在導體內部不再殘留有電場。現在，我們將討論**絕緣體**，即不能導電的材料。也許人們起初會認爲不應該有任何效應。然而，利用一個簡單的驗電器和一個平行板電容器，法拉第（Michael Faraday）就發現事實並非如此。他的實驗表明，在這個電容器的兩板間塞進一塊絕緣體時，電容會**增加**。若絕緣體完全充滿兩板的間隙，電容會增大 κ 倍，而 κ 的大小僅取決於絕緣材料的性質。因此，絕緣材料也稱作**介電質**（dielectric）；於是因子 κ 就代表介電質的一種特性，並稱爲**介電常數**。當然，眞空的介電常數爲 1。

現在我們的問題在於解釋：若絕緣體確實是絕緣的，而且不能導電，那爲何還會有某種電效應呢？我們從電容增大這一實驗事實出發，試著找出可能發生的狀況。考慮一個平板電容器，在其兩導體表面上帶有一些電荷，讓我們假定頂板帶負電，而底板帶正電。假設兩板的間距爲 d，而每塊板的面積爲 A。正如我們已證明過的，這樣一個電容器的電容爲

$$C = \frac{\epsilon_0 A}{d} \tag{10.1}$$

而上面的電荷與電壓的關係爲

$$Q = CV \tag{10.2}$$

現在有如下的實驗事實：若將一塊留塞特玻璃那樣的絕緣材料塞進

極板之間，我們會發現電容增大了。當然，這意味著，對於相同的電荷來說電壓是降低了。可是電壓差等於電場經過電容器的積分；因而我們必然得出結論：即使電容器兩板上的電荷保持不變，但內部的電場卻減弱了。

怎麼會這樣呢？由高斯（Karl Friedrich Gauss）創立的一個定律告訴我們：電場通量與所包圍的電荷成正比。考慮圖 10-1 那個由虛線表示的高斯面 S。由於有介電質存在時電場會減弱，所以我們斷定，在高斯面內的淨電荷應該少於沒有介電材料存在時的淨電荷。只有一個可能的結論，那就是在介電質表面上必然存在正電荷。由於電場雖減弱了，但並未降至零，所以我們應該可以預期，這正電荷仍比在導體表面上的負電荷少。因此，只要我們能以某種方式理解，當介電材料置於電場中時，會有正電荷感生於其一面，且有負電荷感生於另一面，則這一現象便可得到解釋。

我們可預期，對於導體來說，也會發生同樣的現象。比方說，假設有一個電容器，板間距為 d ，而我們將一塊厚度為 b 的電中性

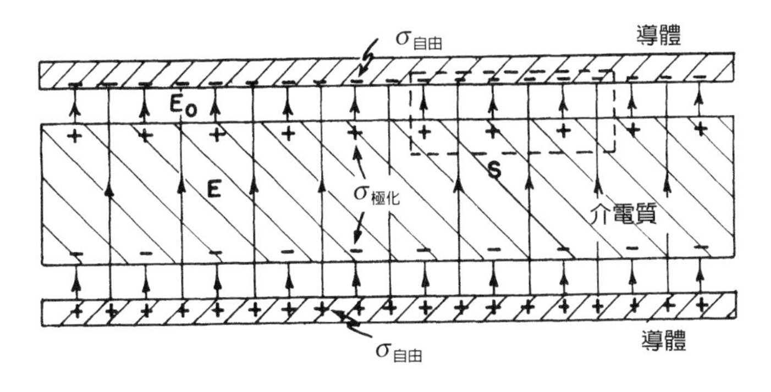

圖 10-1　含有介電質的平行板電容器。圖中顯示了電場（$\boldsymbol{E}$）線。

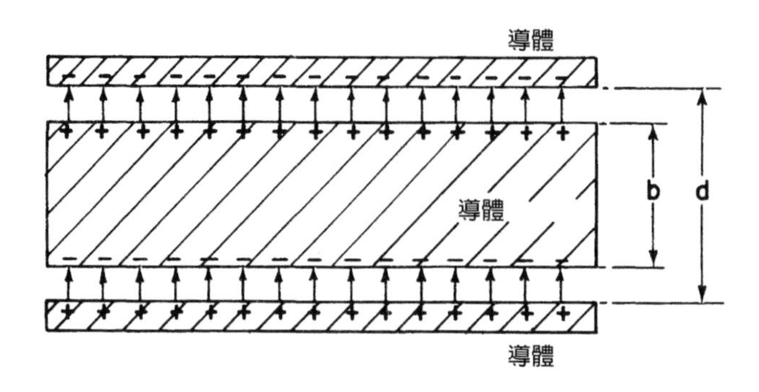

圖 10-2　若我們將一塊導電板放入一個平行板電容器的空隙裡，則感生電荷將使導體內的電場減小至零。

導體放進兩板之間，如圖 10-2 所示。電場在導體頂面會感生正電荷，在底面則感生負電荷，因而導體內部就沒有電場。在其他空間裡的電場則和未放進導體時一樣，因為它等於面電荷密度除以 ϵ_0；可是為了獲得電壓（電位差），我們必須進行積分，這時所取的距離卻已經變小了。電壓為

$$V = \frac{\sigma}{\epsilon_0}(d - b)$$

電容的最終公式與 (10.1) 式相似：

$$C = \frac{\epsilon_0 A}{d[1 - (b/d)]} \tag{10.3}$$

只是用 $(d - b)$ 來代替 d 罷了。也就是電容比原來變得更大，變大的程度取決於 b/d，即導體所占有的體積與原來空間體積之比。

以上所述為我們提供了介電質到底是怎麼一回事的形象化模

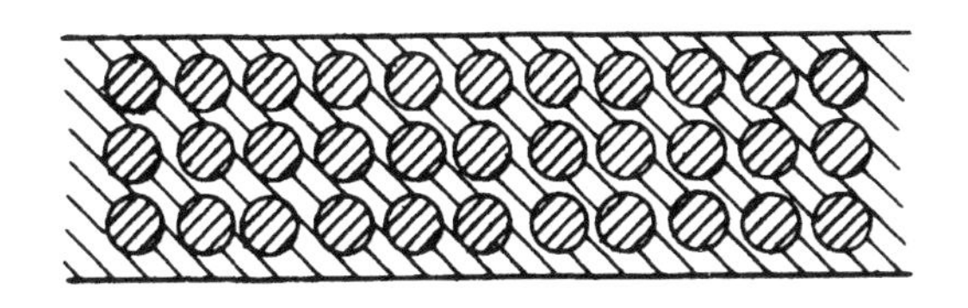

圖 10-3 關於介電質的一個模型：許多小導電球埋在理想絕緣體之中。

型，材料內部有許多會導電的小片。這個模型的問題，在於它具有某一特定軸，即那些片的法線，而大多數介電質卻沒有這麼一種軸。

然而，若我們假定所有介電材料都含有彼此絕緣且分開的小導電球體，如圖 10-3 所示的那樣，則這一難題就可以迎刃而解。介電常數現象可以經由感生於每個球上的電荷這一效應來加以解釋。這是最早的介電質物理模型之一，用來解釋法拉第所觀察到的現象。更具體的說，人們曾假定材料內的每一個原子都是理想的導體，但彼此互相絕緣。介電常數 κ 應該取決於這些導電小球體所占空間的比例。然而，這並不是目前常用的模型。

10-2 極化向量 *P*

倘若我們更深入進行以上的分析，便會發現，把不同區域分成完全導電性與完全絕緣性，這種概念並不是絕對必要的。每一個小球體的作用就像一個電偶極，而偶極矩則是由外電場感生的。對於理解介電質唯一不可或缺的是：在材料內部感生了許許多多個小偶極。這些偶極是由於存在一些小導電球體，或任何其他原因而感生出來的，卻是無關緊要。

倘若原子不是導電球體，那電場爲什麼會在原子內感生出偶極矩呢？下一章中，將對這個主題做非常詳盡的討論，內容將涉及介電材料的內部運作機制。然而，我們在這裡要舉出一個例子，說明一種可能的機制。一個原子的原子核上帶有正電荷，而原子核則爲負電子所環繞。當處於電場中時，原子核會被吸引向一方，而電子則向另一方。電子的軌道或波形圖樣（或量子力學中所用的圖像），將在某種程度上變了形，如圖 10-4 所示，負電荷的重心將移動，而不再與原子核上的正電荷相重合，我們曾經討論過這樣的電荷分布。若我們從遠處看，這種電中性位形，在一階近似下，相當於一個小電偶極。

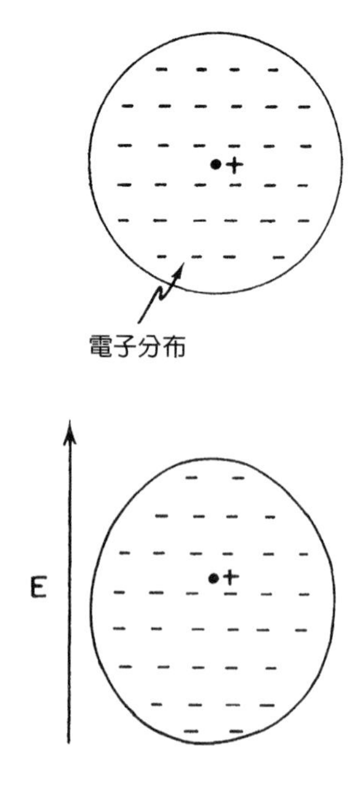

圖 10-4　電場中原子的電荷分布，對於原子核來說，電子已有些移動了。

這樣說似乎更合理：若電場不太強，則感生的偶極矩將與電場成正比。也就是說，弱電場將使電荷稍微移動一點點，而強電場則使電荷移動得多些，總是與電場成正比，除非位移太大。在這一章的其餘部分，我們將假定偶極矩嚴格的與場成正比。

現在我們假定，每一原子中存在間距爲δ的兩個電荷 q ，因而 $q\delta$ 就是每一原子的偶極矩（我們採用δ，因爲 d 已用於兩板的間距了）。設單位體積中含有 N 個原子，則**單位體積的偶極矩**等於 $Nq\delta$ 。這個單位體積的偶極矩將用向量 $\boldsymbol{P}$ 來代表。不用說， $\boldsymbol{P}$ 是在沿著個別偶極矩的方向上，也就是沿著電荷間距δ的方向：

$$\boldsymbol{P} = Nq\boldsymbol{\delta} \tag{10.4}$$

一般說來，在介電質內部， $\boldsymbol{P}$ 將隨位置而改變。可是，在材料中的任一點， $\boldsymbol{P}$ 與電場 $\boldsymbol{E}$ 成正比。這個比例常數取決於電子移位的容易程度，將與構成該材料的原子種類有關。

實際上是什麼東西在決定這個比例常數如何表現，以及對於非常強的場，這個常數保持不變可準確至何種程度，還有，在不同材料內部會有什麼事情發生，這些我們都將在以後討論。目前，我們將簡單假定，存在一種與電場成正比的感生偶極矩的機制。

10-3 極化電荷

現在讓我們來看看，這個模型對於含有介電質的電容器的理論，會有什麼貢獻。首先，考慮每單位體積含有一定偶極矩的一片材料。平均而言，是否會有由此而產生的任何電荷密度？若 $\boldsymbol{P}$ 是均勻的，那就不會有。也就是說，假若彼此相對移了位的正電荷與負電荷，都有相同的平均密度，那麼電荷移位的這個事實就不會在該體積內產生任何淨電荷。反之，要是 $\boldsymbol{P}$ 在某一地方較大，而在另一地方較小，那就意味著，移進某一區域的電荷比移出的要多；因而我們會預期得到體電荷密度。

對平行板電容器來說，我們假定 $\boldsymbol{P}$ 是均勻的，因而就只需要考慮表面所發生的事情。在表面上，負電荷即電子，實際上給移出了一段距離 δ；在另一個表面上，負電荷卻向裡面移動，就像是正電荷移出一段距離 δ。如圖 10-5 所示，我們將有一個稱爲面**極化電荷**的面電荷密度。

面極化電荷可用下述方式計算。設 A 爲平板的面積，則出現在板面上的電子數目應等於 A 、 N（單位體積的電子數）、位移 δ（這裡假定它與板面垂直）三者的乘積。表面總電荷可由此再乘上電子電荷 q_e 而求得。爲了得到在表面上感生的極化電荷的面密度，我們將表面總電荷再除以 A 。因此，面電荷密度的大小爲

$$\sigma_{\text{極化}} = Nq_e\delta$$

但這正好等於 (10.4) 式中極化向量 $\boldsymbol{P}$ 的量值 P ：

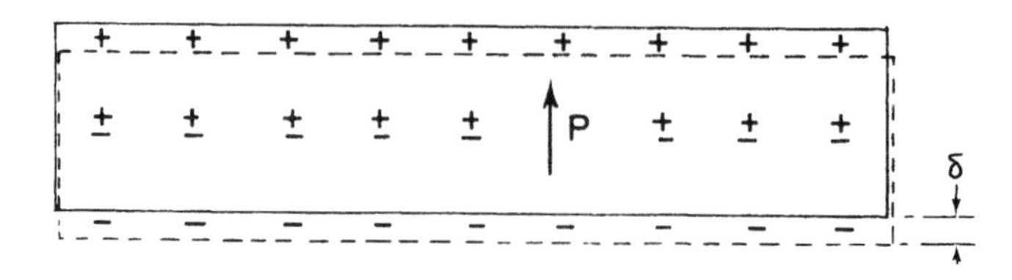

圖 10-5　均勻電場中的一片介電質。正電荷相對於負電荷移動了一段距離 δ。

$$\sigma_{極化} = P \tag{10.5}$$

面電荷密度就等於材料內的極化強度。當然，面電荷在一個面上是正的，而在另一個面上則是負的。

現在讓我們假定，上述那塊板就是存在於平行板電容器中的介電質。構成電容器的那兩塊金屬**板**也帶有面電荷，我們稱它為 $\sigma_{自由}$，因為這些電荷可以在導體上到處「自由」移動。當然，這就是我們對電容器充電時放上去的電荷。這裡必須強調，$\sigma_{極化}$ 之所以存在，只是由於有了 $\sigma_{自由}$。倘若經由使電容器放電，而將 $\sigma_{自由}$ 移去，則 $\sigma_{極化}$ 將消失，但 $\sigma_{極化}$ 並沒有沿放電導線跑掉，而是移回材料裡面去了——由於材料內部極化的弛豫（relaxation）。

現在，我們可以將高斯定律用於圖 10-1 的那個高斯面 S。介電質內的電場 E 等於總面電荷密度除以 ϵ_0。顯然 $\sigma_{極化}$ 與 $\sigma_{自由}$ 的正負號相反，因而

$$E = \frac{\sigma_{自由} - \sigma_{極化}}{\epsilon_0} \tag{10.6}$$

注意！金屬板與介電質表面間的電場 E_0 要比 E 大；E_0 只對應於 $\sigma_{自由}$。但此處我們所關心的卻是介電質內部的場，若是介電質幾乎充滿兩板之間的縫隙，那麼這個場就遍及幾乎整個體積。利用 (10.5) 式，我們可以寫出

$$E = \frac{\sigma_{自由} - P}{\epsilon_0} \tag{10.7}$$

這個方程式並未告訴我們電場，除非我們已知道 P 是什麼。然而，此處我們已假定 P 與 E 相關——實際上 P 與 E 成正比。這個比例關

係通常寫成

$$P = \chi\epsilon_0 E \tag{10.8}$$

常數 χ（希臘字母 khi）稱爲介電質的**電極化率**（electric susceptibility）。

於是 (10.7) 式變成

$$E = \frac{\sigma_{自由}}{\epsilon_0}\frac{1}{(1+\chi)} \tag{10.9}$$

這個式子透露了，電場會減弱爲 $1/(1+\chi)$。

兩板之間的電壓等於對電場的積分。既然場是均勻的，積分就不過是與兩板間距的乘積。於是我們有

$$V = Ed = \frac{\sigma_{自由}d}{\epsilon_0(1+\chi)}$$

在電容器上的總電荷爲 $\sigma_{自由}A$ ，以致由 (10.2) 式所定義的電容變成

$$C = \frac{\epsilon_0 A(1+\chi)}{d} = \frac{\kappa\epsilon_0 A}{d} \tag{10.10}$$

我們已解釋了觀測到的事實。當一平行板電容器充滿了介電質時，電容就增大，增大的倍數爲

$$\kappa = 1 + \chi \tag{10.11}$$

這代表材料的一種特性。當然，我們的解釋還不算完全，完全的解釋是我們能夠解釋原子極化是如何產生的，我們將在後面解說。

現在，讓我們來考慮某種稍微複雜的東西，也就是極化向量 $\boldsymbol{P}$

並非處處相同的情況。正如前面曾經提到的，假如極化不是常數，我們會預期在體積內找到電荷密度，因爲從小體積元素的一邊進入的電荷，比從另一邊離開的電荷也許會多一些。我們怎樣才能求出一個小體積到底獲得或喪失了多少電荷呢？

首先讓我們計算，當材料極化時，有多少電荷會通過任一想像的表面。倘若極化**垂直**於表面，則穿過此表面的電荷量就恰好等於 P 乘以面積。當然，要是極化與表面**相切**，則不會有任何電荷通過表面。

按照我們曾經用過的相同論據，很容易看出：通過任一曲面元素的電荷，將與 $\boldsymbol{P}$ **垂直**於表面的**分量**成正比。比較圖 10-6 和圖 10-5，我們看到在一般情況下，(10.5) 式應改寫成

$$\sigma_{\text{極化}} = \boldsymbol{P} \cdot \boldsymbol{n} \tag{10.12}$$

若我們考慮電介質**內部**的一個想像的面積元素，則 (10.12) 式將給出通過該表面的電荷，但不會形成淨面電荷，因爲表面兩邊的介電質所貢獻的是，大小相等、但正負號相反的電荷。

然而，電荷的位移確實能產生**體**電荷密度。經由極化向外移**出**

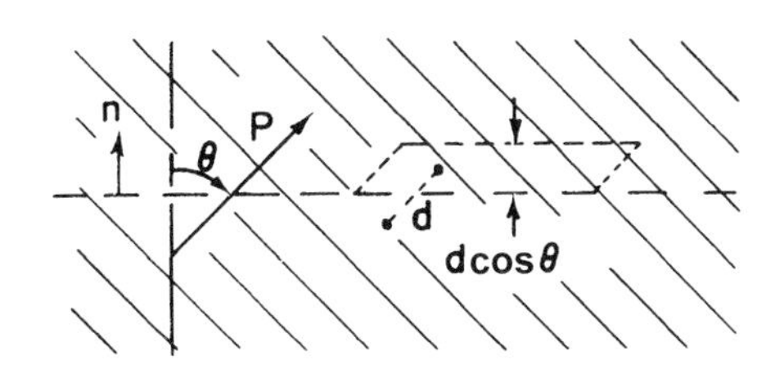

圖 10-6　在介電質裡通過一個想像的面積元素的電荷，與 $\boldsymbol{P}$ 垂直於該表面的分量成正比。

任何體積 V 的總電荷，等於 $\boldsymbol{P}$ 的向外法向分量對包圍該體積的 S 面的積分（見圖 10-7）。大小相等而正負號相反的電荷則被遺留在後頭。我們將體積內的淨電荷記作 $\Delta Q_{極化}$，就可以寫出

$$\Delta Q_{極化} = -\int_S \boldsymbol{P}\cdot\boldsymbol{n}\,da \tag{10.13}$$

我們可以認為，$\Delta Q_{極化}$ 是密度為 $\rho_{極化}$ 的體積電荷分布引起的，因而有

$$\Delta Q_{極化} = \int_V \rho_{極化}\,dV \tag{10.14}$$

將以上兩式結合起來，便得到

$$\int_V \rho_{極化}\,dV = -\int_S \boldsymbol{P}\cdot\boldsymbol{n}\,da \tag{10.15}$$

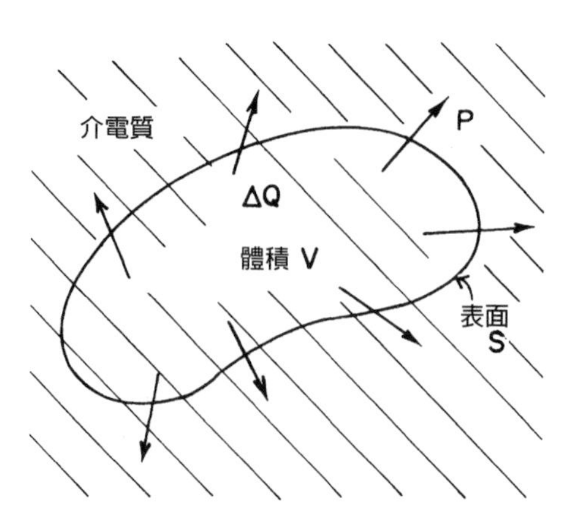

圖 10-7　非均勻的極化向量 $\boldsymbol{P}$，會在介電質體內形成淨電荷。

於是，我們有一種高斯定理，將來自極化材料的電荷密度與極化向量 $\boldsymbol{P}$ 聯繫起來。可以看到，這與前面在平行板電容器中的介電質表面上的極化電荷所得到的結果相符。將 (10.15) 式應用到圖 10-1 中的那個高斯面上，表面的積分給出 $P\Delta A$ ，而在裡面的電荷為 $\sigma_{極化}\Delta A$ ，所以我們又再度得到 $\sigma_{極化} = P$ 。

正如先前對靜電學的高斯定律所做的那樣，我們可以將 (10.15) 式轉變成微分形式——利用數學上的高斯定理：

$$\int_S \boldsymbol{P}\cdot\boldsymbol{n}\,da = \int_V \boldsymbol{\nabla}\cdot\boldsymbol{P}\,dV$$

我們得到

$$\rho_{極化} = -\boldsymbol{\nabla}\cdot\boldsymbol{P} \tag{10.16}$$

若為非均勻極化，則它的散度給出材料內的淨電荷密度。我們要強調，這是完全**真實**的電荷密度；我們之所以稱它為「極化電荷」，只是為了要提醒我們自己這是如何得來的。

10-4 有介電質時的靜電方程組

現在，讓我們將上述結果同靜電學理論結合起來。靜電學的基本方程式如下

$$\boldsymbol{\nabla}\cdot\boldsymbol{E} = \frac{\rho}{\epsilon_0} \tag{10.17}$$

此處 ρ 指**一切**電荷的密度。由於極化電荷不容易追蹤，因而將 ρ 分成兩部分比較方便。我們再次將由非均勻極化引起的電荷叫做 $\rho_{極化}$，而將所有其他電荷叫做 $\rho_{自由}$。通常 $\rho_{自由}$ 指我們放在導體上或是置於空間某些特定位置上的電荷。於是方程式 (10.17) 變成

$$\nabla \cdot \boldsymbol{E} = \frac{\rho_{自由} + \rho_{極化}}{\epsilon_0} = \frac{\rho_{自由} - \nabla \cdot \boldsymbol{P}}{\epsilon_0}$$

或

$$\nabla \cdot \left(\boldsymbol{E} + \frac{\boldsymbol{P}}{\epsilon_0}\right) = \frac{\rho_{自由}}{\epsilon_0} \tag{10.18}$$

當然，$\boldsymbol{E}$ 旋度的方程式並未改變：

$$\nabla \times \boldsymbol{E} = 0 \tag{10.19}$$

將 (10.8) 式的 $\boldsymbol{P}$ 代入，我們得到一個更簡單的方程式

$$\nabla \cdot [(1 + \chi)\boldsymbol{E}] = \nabla \cdot (\kappa \boldsymbol{E}) = \frac{\rho_{自由}}{\epsilon_0} \tag{10.20}$$

這些就是當有介電質時的靜電學方程組。當然，這些方程式並沒有陳述任何新的東西，但對於 $\rho_{自由}$為已知、且極化向量 $\boldsymbol{P}$ 又是正比於 $\boldsymbol{E}$ 的情況，則它們在計算上仍不失爲較方便的形式。

請注意！我們並沒有將介電「常數」κ 提出散度之外，這是因爲它不一定處處相同。假若 κ 值處處相同，則可以將它提出來，因而方程組就不過是那些用 κ 來除電荷密度 $\rho_{自由}$的靜電方程組罷了。我們所給出的這種形式的方程組可適用於一般情況，即場中不同地點可能存在不同的介電質。這樣該方程組就可能相當難求解。

在此應該提出一件有某種歷史重要性的事情。在電學的早期，對極化的原子機制還未瞭解，而 $\rho_{極化}$ 的存在也還未給覺察到，當時 $\rho_{自由}$ 被認爲是全部的電荷密度。爲了將馬克士威方程組寫成簡單的形式，一個新的向量 $\boldsymbol{D}$ 給定義爲 $\boldsymbol{E}$ 與 $\boldsymbol{P}$ 的線性組合：

$$\boldsymbol{D} = \epsilon_0 \boldsymbol{E} + \boldsymbol{P} \tag{10.21}$$

結果，(10.18) 式和 (10.19) 式曾寫成表面上看來十分簡單的形式：

$$\nabla \cdot \boldsymbol{D} = \rho_{自由}, \qquad \nabla \times \boldsymbol{E} = 0 \tag{10.22}$$

人們能否解出這組方程式呢？只有給出 $\boldsymbol{D}$ 與 $\boldsymbol{E}$ 之間關係的第三個方程式，才能辦得到。當 (10.8) 式成立時，這個關係式爲

$$\boldsymbol{D} = \epsilon_0(1 + \chi)\boldsymbol{E} = \kappa\epsilon_0\boldsymbol{E} \tag{10.23}$$

上述的方程式往往寫成

$$\boldsymbol{D} = \epsilon\boldsymbol{E} \tag{10.24}$$

式中，ϵ 仍然是描述材料介電性質的另一個常數，稱爲「電容率」（permittivity；亦譯爲「介電係數」）。（現在你當明白，爲何在我們的方程組中會有 ϵ_0，ϵ_0 是「眞空的電容率」。）顯然，

$$\epsilon = \kappa\epsilon_0 = (1 + \chi)\epsilon_0 \tag{10.25}$$

今天，我們從另一種觀點來看待這些事情，那就是：在眞空中，方程組較爲簡單，而倘若在每種情況下，我們將一切電荷都表示出來，不管其來源爲何，則該方程組總是正確的。若我們爲了方便，將其中某些電荷分離開來，或由於我們不願意詳細討論所發生的事情，則可以將方程組改寫成任何一種或許方便的形式，只要我們樂意就好。

還有一點應該要強調。一個像 $\boldsymbol{D} = \epsilon\boldsymbol{E}$ 的方程式，是描寫物質特性的一種嘗試。可是物質極端複雜，而這樣一個方程式實際上並不正確。例如，若 $\boldsymbol{E}$ 變得太大，那麼 $\boldsymbol{D}$ 便不再正比於 $\boldsymbol{E}$。對於某些物質來說，甚至在相當弱的電場下，這個比例關係就已經失效了。而且，這個比例「常數」還可能與隨時間變化的快慢程度有關。因此，這種方程式，就像虎克定律一樣，只是一種近似，不可能是深

刻的基本方程式。反之，我們關於 $\boldsymbol{E}$ 的方程組，也就是 (10.17) 式和 (10.19) 式，則代表了我們對靜電學最深刻且最完整的理解。

10-5 有介電質時的場與力

現在，我們將證明在介電質存在的情況下，靜電學的某些相當普遍的定理也成立。我們已經看到，若是電容器的兩平行板之間充滿了介電質，則電容會增大爲某一確定的倍數。我們還可證明，這對於**任何**形狀的電容器都成立，只要在兩個導體附近的整個區域裡都充滿均勻的線性介電質即可。在沒有介電質時，待解的方程組爲：

$$\nabla \cdot \boldsymbol{E}_0 = \frac{\rho_{\text{自由}}}{\epsilon_0} \quad \text{與} \quad \nabla \times \boldsymbol{E}_0 = 0$$

當存在介電質時，前一個方程式給修改了，因而我們代之有

$$\nabla \cdot (\kappa \boldsymbol{E}) = \frac{\rho_{\text{自由}}}{\epsilon_0} \quad \text{與} \quad \nabla \times \boldsymbol{E} = 0 \tag{10.26}$$

現在，由於我們將 κ 認爲處處相等，這最後兩個方程式還可以寫成

$$\nabla \cdot (\kappa \boldsymbol{E}) = \frac{\rho_{\text{自由}}}{\epsilon_0} \quad \text{與} \quad \nabla \times (\kappa \boldsymbol{E}) = 0 \tag{10.27}$$

因此，我們對於 $\kappa\boldsymbol{E}$ 和對於 $\boldsymbol{E}_0$ 就有相同的方程組，它們具備 $\kappa\boldsymbol{E} = \boldsymbol{E}_0$ 的解。換句話說，比起沒有介電質時的情況，場處處都減弱爲 $1/\kappa$。由於電壓是電場的線積分，所以電壓也降爲 $1/\kappa$。由於電容器電極上的電荷在兩種情況下都被認爲是相同的，(10.2) 式告訴我們：在處處都充滿著均勻介電質的情況下，電容增大爲 κ 倍。

現在我們要問，在有介電質時，兩個帶電導體之間的**力**應該會怎麼樣。考慮有一種處處均勻的液態介電質。我們先前已知道，求

力的一種方法是將能量對一適當距離求微分。假若兩導體上的電荷大小相等、正負號相反，能量就是 $U = Q^2/2C$ ，其中 C 為它們的電容。利用虛功原理，任何一個分力都由微分給出，例如

$$F_x = -\frac{\partial U}{\partial x} = -\frac{Q^2}{2}\frac{\partial}{\partial x}\left(\frac{1}{C}\right) \tag{10.28}$$

由於介電質會使電容增大為 κ 倍，因此所有的力都將**減**為 $1/\kappa$ 倍。

我們必須強調一點，上面所說的只有對液態介電質才成立。嵌在固態介電質內的導體的任何運動，都將改變介電質的力學應力條件，並改變其電學性質，以及引起介電質內某種力學能的變化。在液體中移動導體，並不會使液體發生變化，液體會移至新的地方，但它的電學性質卻沒有改變。

許多較早期的電學教科書往往從這樣一個「基本」定律出發，即兩電荷之間的力為

$$F = \frac{q_1 q_2}{4\pi\epsilon_0 \kappa r^2} \tag{10.29}$$

這種觀點完全不能令人滿意。其一是，這並非普遍正確，它只對充滿某種液體的世界才正確。其次，它依賴 κ 是常數此一事實，然而這件事對於大多數實際材料來說只是近似正確。從電荷處於**真空**中的庫侖定律出發要好得多，這永遠是正確的（對於靜電荷來說）。

固體中究竟會發生什麼情況呢？這是非常難回答的問題，至今還未得到解決，因為在某種意義上情況很不明確。假若你將電荷放進固態介電質內，就將有各種壓力和應變。假如不把壓縮固體所需的力學能也包括進去的話，那麼你就無法處理虛功原理；而一般說來，要對電力以及起因於固體材料本身的力學力做出唯一的區別，是相當困難的。幸而，還沒有人真的需要弄清楚前面所提的問題的答案。他有時想要知道在固體中將產生多少應變，而這是能夠計算

出來的，但比起我們對於液體所得到的那種簡單結果要複雜許多。

在介電質理論中，有一個異常複雜的問題：為何一個帶電物體會吸引一些小塊的介電質？倘若你在氣候乾燥的時候梳頭髮，梳子會很容易吸起一些小紙片。要是你偶然想起這件事，大概會認為梳子上有一種電荷，而紙片上則有電性相反的電荷。但紙片開始時是電中性的，並沒有任何淨電荷，但不管怎樣，它就是被吸引了。真的！有時候，紙片會來到梳子上，然後又飛開，紙片接觸到梳子之後就立刻被排斥了。這其中原因當然在於：當紙片接觸到梳子時，紙片獲得了一些負電荷，而後相同電性的電荷便互相排斥了。但這並沒有回答原來的問題：原先的紙片為何會朝梳子而去呢？

答案與介電質放在電場中時會極化有關。兩種電性的極化電荷都存在，分別受梳子所吸引和排斥。然而，會有一個淨吸引力，因為紙片靠近梳子一側的電場比遠離梳子那一側的電場要強，梳子並非一片無限大的板子，它的電荷是局域性的。電中性的紙片在平行板電容器內，並不會被哪一塊板子所吸引。電場的變化，才是這個吸引機制的重點。

如圖10-8所示，一塊介電質總是從弱場區域給拉向電場較強的區域。事實上，人們能夠證明，對於小件物體來說，這個力與電場**平方**的梯度成正比。為什麼會取決於場的平方呢？因為那些感應極化電荷與電場成正比，而對於已給定的電荷，所受的力又與電場成正比。然而，正如我們剛才所指出的，只有當場的平方在不同點上變化時，才會有一個**淨**力。所以力就與場平方的梯度成正比了。比例常數除了含有其他東西之外，還包括物體的介電常數，並與物體的大小與形狀相關。

有一個與此相關的問題，其中作用於介電質上的力，可以相當準確的算出。假若在平行板電容器中有一片介電質只部分的插入，

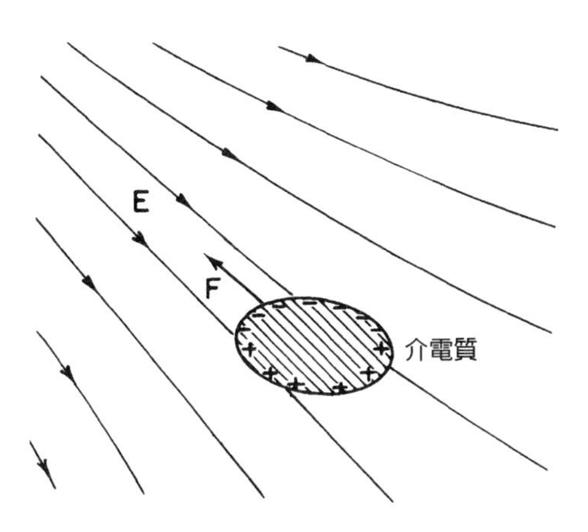

圖 10-8　非均勻場中的介電質，會感受到指向電場強度較高的區域的力。

如圖 10-9 所示，則將有一個力要把它拉進去。詳細審視這個力，會發現它相當複雜，這個力同該片介電質與兩板邊緣附近電場的非均勻性有關。然而，若我們不考察這些細節，而只是引用能量守恆原理，便能輕易算出這個力來。我們可從以前所導出的公式，求得這

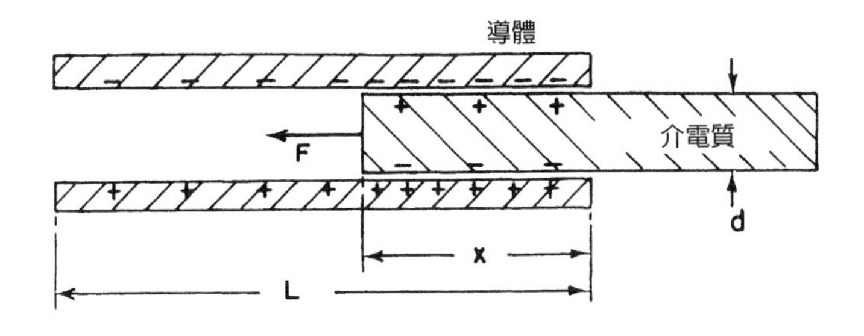

圖 10-9　作用在置於平行板電容器中的一片介電質上的力，可應用能量守恆原理算出來。

個力。(10.28) 式相當於

$$F_x = -\frac{\partial U}{\partial x} = +\frac{V^2}{2}\frac{\partial C}{\partial x} \tag{10.30}$$

我們只需要求出電容是如何隨該塊介電質的位置而變化即可。

讓我們假設板的總長爲 L，寬爲 W，兩板間距與介電質的厚度都是 d，而該片介電質插入的距離爲 x。電容等於板上的總自由電荷除以兩板間的電壓。我們在前面已經見到，對於已知電壓 V，自由電荷的面密度爲 $\kappa\epsilon_0 V/d$。因而板上的總電荷就是

$$Q = \frac{\kappa\epsilon_0 V}{d}xW + \frac{\epsilon_0 V}{d}(L - x)W$$

由此可以得到電容：

$$C = \frac{\epsilon_0 W}{d}(\kappa x + L - x) \tag{10.31}$$

應用 (10.30) 式，我們有

$$F_x = \frac{V^2}{2}\frac{\epsilon_0 W}{d}(\kappa - 1) \tag{10.32}$$

這個方程式並不是對任何事情都特別有用，除非你碰巧需要知道在這種情況下的力。我們只希望說明，在求作用於介電質材料上的力時，能量理論往往能避開極其複雜的部分——正如在目前情況下本來會有的那些複雜情況。

我們關於介電質理論的討論，只涉及電的現象，即承認材料的極化與電場成正比這一事實。爲何會存在這樣的正比性質，也許對物理學更具重要性。一旦我們從原子的觀點，理解了介電常數的起源，我們便能運用在各種不同環境下對介電常數的電學測量結果，來獲得原子和分子結構的詳盡訊息。這方面的部分問題，將在下一章裡面來討論。

第11章 介電質內部

11-1 分子偶極

在這一章，我們將討論為什麼某些材料是介電質。我們在上一章中曾說過：當一電場作用於介電質上時，電場將在原子中感生一偶極矩；一旦領會了這點，我們就可能理解那些含有介電質在內的帶電系統的性質。具體而言，若電場 E 在單位體積內感生了一個平均偶極矩 $\boldsymbol{P}$，則介電常數 κ 由下式給出：

$$\kappa - 1 = \frac{P}{\epsilon_0 E} \tag{11.1}$$

我們已經討論過如何應用這個方程式；現在我們得討論當材料內部存在電場時極化發生的機制。我們從最簡單的可能的例子——氣體的極化談起。但即使是氣體，也有其複雜性，氣體可以分成兩種類型。某些氣體，如氧氣，它們的每個分子含有對稱的原子對，因而不會存在固有偶極矩。但是其他分子，如水蒸汽（由氫和氧兩種原子組成的非對稱排列），則帶有一永久電偶極矩。

正如在第6章中我們曾經指出的那樣，在水蒸汽分子中，那些氫原子上存在著平均正電荷，而氧原子則帶有負電荷。由於負電荷的重心與正電荷的重心不一致，所以分子的總電荷分布就具有偶極矩。像這樣的分子稱為**極性**分子（polar molecule，或叫做極化分子）。在氧中，由於分子的對稱性，正電荷重心與負電荷重心重合，因而氧分子就是**非極性**分子（nonpolar molecule）。然而，當氧置

請複習：第I卷第31章〈折射率的來源〉，以及第I卷第40章〈統計力學原理〉。

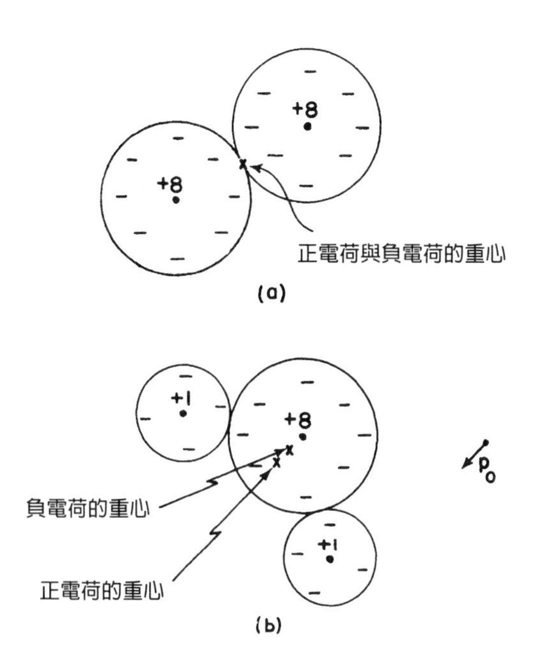

圖 11-1 (a) 氧分子具有零偶極矩。(b)水分子具有永久偶極矩 $\boldsymbol{p}_0$。

於電場中時，確實會變成一個偶極。這兩種類型的分子形狀，如圖 11-1 所示。

11-2 電子極化

我們首先將討論非極性分子的極化。我們可以從最簡單的單原子氣體（例如氦）開始。當這樣一種氣體的原子處在電場中時，電子會被場拉向一邊，而原子核則被拉向另一邊，如圖 10-4 所示。雖然相對於我們在實驗上所能施加的電力來說，原子是十分堅硬的，但電荷中心仍存在微小的淨位移，從而感生出一個偶極矩。對於弱場來說，這個位移量，連帶還有偶極矩，都與電場成正比。產生這種感生偶極矩的電子分布位移，稱爲**電子極化**（electronic polarization）。

我們在第I卷第31章與折射率理論打交道時，曾討論過電場對原子的影響。只要你稍微思考一下，便會瞭解，現在我們應該做的，和那時我們做過的，完全相同。但現在我們需要操心的，只是不隨時間變化的場，而折射率卻與隨時間變化的場有關。

在第I卷第31章中，我們曾經假定，當一原子置於振盪電場中時，原子內電子的電荷中心，會遵循下列方程式而運動：

$$m\frac{d^2x}{dt^2} + m\omega_0^2 x = q_e E \tag{11.2}$$

式中，第一項爲電子質量乘以其加速度，第二項爲恢復力，而等號右邊那一項則是來自外電場的力。若電場以頻率 ω 變化，則(11.2)式的解爲

$$x = \frac{q_e E}{m(\omega_0^2 - \omega^2)} \tag{11.3}$$

這表明，當 $\omega = \omega_0$ 時會發生共振。當以前得到這個解時，我們曾將它理解成，ω_0 是光被吸收的頻率（到底是在可見光區，還是在紫外光區，則取決於原子）。然而對我們的目的來說，現在我們感興趣的卻只是恆定場的情況，即 $\omega = 0$ 的情況，因而可以將 (11.2) 式中的加速度項略去，並得出電荷的位移爲

$$x = \frac{q_e E}{m\omega_0^2} \tag{11.4}$$

由此可見，單個原子的偶極矩 p 爲

$$p = q_e x = \frac{q_e^2 E}{m\omega_0^2} \tag{11.5}$$

在上述這種理論中，偶極矩 p 的確與電場成正比。

人們經常將上式寫成

$$\boldsymbol{p} = \alpha\epsilon_0\boldsymbol{E} \tag{11.6}$$

（ϵ_0 又一次由於歷史原因，而給放了進去。）其中，常數 α 稱爲原子的極化率（polarizability），並具有 L^3 的因次。 α 是電場在原子中感生一個偶極矩的難易程度的量度。比較 (11.5) 式和 (11.6) 式，我們這一個簡單的理論說明，

$$\alpha = \frac{q_e^2}{\epsilon_0 m\omega_0^2} = \frac{4\pi e^2}{m\omega_0^2} \tag{11.7}$$

設單位體積中共有 N 個原子，則單位體積的極化強度 $\boldsymbol{P}$ 就是

$$\boldsymbol{P} = N\boldsymbol{p} = N\alpha\epsilon_0\boldsymbol{E} \tag{11.8}$$

合併 (11.1) 式和 (11.8) 式，我們得到

$$\kappa - 1 = \frac{P}{\epsilon_0 E} = N\alpha \tag{11.9}$$

或者，利用 (11.7) 式，可得

$$\kappa - 1 = \frac{4\pi N e^2}{m\omega_0^2} \tag{11.10}$$

從 (11.10) 式，我們會預期：不同氣體的介電常數 κ，應該取決於氣體的密度及其對光的吸收頻率 ω_0。

當然，上述公式只是一種非常粗糙的近似，因爲在 (11.2) 式中，我們所選擇的模型略去了量子力學的複雜性。例如，我們曾經

假定每個原子僅有一個共振頻率，但實際上原子卻有許多個共振頻率。為了正確計算原子的極化率 α，我們必須應用完整的量子力學理論，但上面的古典觀念已為我們提供了合理的估計。

讓我們來看看，對於某種物質的介電常數，我們是否能得到正確的數量級。假定我們以氫來做嘗試。我們過去（在第I卷第38章中）曾估計過，電離一個氫原子所需的能量約為

$$E \approx \frac{1}{2}\frac{me^4}{\hbar^2} \tag{11.11}$$

為了對固有頻率 ω_0 做出估計，可以令這一能量等於 $\hbar\omega_0$ ——即固有頻率為 ω_0 的原子振子的能量。這樣我們就得到

$$\omega_0 \approx \frac{1}{2}\frac{me^4}{\hbar^3}$$

若現在將 ω_0 的這個值應用於(11.7)式，則我們求得電子極化率為

$$\alpha \approx 16\pi\left[\frac{\hbar^2}{me^2}\right]^3 \tag{11.12}$$

$(\hbar^2/me^2)$ 這個量是波耳原子的基態軌道半徑（見第I卷第38章），等於0.528埃。因處於標準壓力與溫度（1大氣壓、0℃）下的氣體，每立方公分有 2.69×10^{19} 個原子，所以(11.9)式給出

$$\kappa = 1 + (2.69\times10^{19})16\pi(0.528\times10^{-8})^3 = 1.00020 \tag{11.13}$$

氫氣的介電常數已測定為

$$\kappa_{實驗} = 1.00026$$

由此可見，我們的理論幾乎是正確的。我們不應該期望有任何比這個更好的結果，因為測量當然是用正常氫氣進行的，它所含的是雙原子分子，而不是單原子分子。倘若分子中各原子的極化，與分開來的原子的極化並非完全相同，這不足為怪。可是，分子效應實際上並不是那麼大。對於氫原子的 α 進行嚴格的量子力學計算，得出比 (11.12) 式約大了 12% 的結果（16π 變成 18π），因而預測了一個更接近於觀測值的介電常數。不管怎樣，我們上述的介電質理論顯然相當的好。

對上述理論的另一個檢驗，是將 (11.12) 式用於具有更高激發頻率的那些原子。例如，需要約 24.6 eV 才能將氦原子中的電子拉出來，這可與電離氫所需的 13.6 eV 比較。因此我們會期待，氦的吸收頻率 ω_0 應約是氫的 2 倍大，氦的 α 可能為氫的 1/4 大。我們預期有

$$\kappa_{氦} \approx 1.000050$$

而實驗值為

$$\kappa_{氦} = 1.000068$$

所以你們可以看到，我們的粗糙估計是走對路了。至此，我們已瞭解非極性氣體的介電常數，但只是定性上的，因為我們還沒用上電子運動的那種正確的原子理論。

11-3 極性分子；取向極化

接下來，我們將考慮具有永久偶極矩 p_0 的分子，比如水分子。在沒有電場時，各個偶極的指向是無規的，所以單位體積內的淨偶極矩爲零。

但是當加上電場後，會發生兩件事：首先，由於電場對電子施加了力，所以感生出額外的偶極矩；這部分所給出的電子極化率，其種類正好與我們對非極性分子求得的電子極化率相同。當然，對於非常精密的工作，這一效應是應該包括進去的，但目前我們將加以忽略（在最後總是可以加上去的）。

其次，電場傾向於將各個偶極排列起來，在每單位體積中產生一個淨矩。假使氣體中的所有偶極都整齊的排列起來，則會有很大的極化強度，但這種現象卻從未發生過。在普通溫度與電場的作用下，分子因熱運動而發生的相互碰撞，使分子偶極排列得很不整齊。但沿著某方向還是會有淨偶極，因而也就有某種極化（見圖 11-2）。這裡出現的極化，可以用第 I 卷第 41 章中所描述過的那種統計力學方法，來加以計算。

要運用這種方法，我們需要知道偶極在電場中的能量。考慮一個電偶極 $\boldsymbol{p}_0$ 處在電場之中，如圖 11-3 所示。正電荷的能量爲 $q\phi(1)$，而負電荷的能量爲 $-q\phi(2)$。於是偶極的能量爲

$$U = q\phi(1) - q\phi(2) = q\boldsymbol{d}\cdot\boldsymbol{\nabla}\phi$$

或

$$\boldsymbol{U} = -\boldsymbol{p}_0\cdot\boldsymbol{E} = -p_0E\cos\theta \tag{11.14}$$

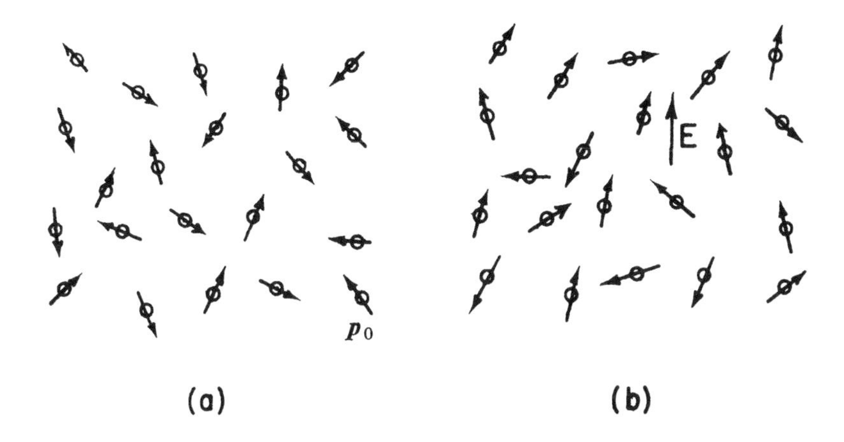

圖 11-2　(a) 在極性分子構成的氣體中，各個偶極矩的取向是無規的；因此在一個小體積內的平均矩為零。(b) 當有電場時，分子就有某種淨偶極了。

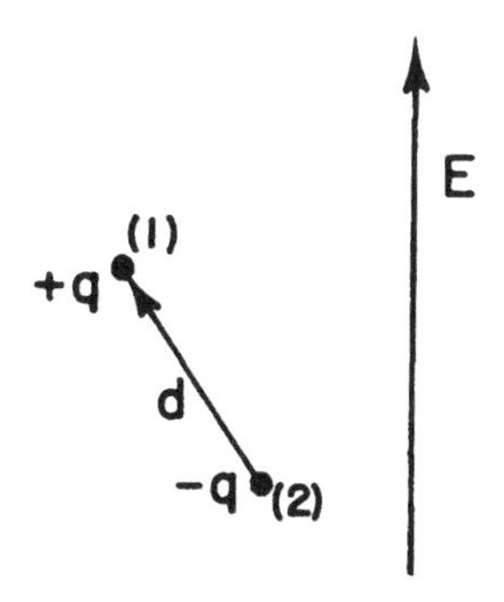

圖 11-3　在電場 $\boldsymbol{E}$ 中，偶極 $\boldsymbol{p}_0$ 的能量為 $-\boldsymbol{p}_0 \cdot \boldsymbol{E}$。

其中，θ 是 $\boldsymbol{p}_0$ 與 $\boldsymbol{E}$ 之間的夾角。正如我們會預料到的，當偶極矩沿著電場方向排列時，能量較低。

我們現在利用統計力學的方法，來求出有多少取向排列發生。我們在第 I 卷第 40 章中已找出，在熱平衡態具有位能 U 的分子，其相對數目正比於

$$e^{-U/kT} \tag{11.15}$$

式中，$U(x, y, z)$ 是做為位置函數的位能。相同的論證會說明：若採用 (11.14) 式中做為角度函數的位能，則在角度 θ 處，單位立體角的分子數目與 $e^{-U/\kappa T}$ 成正比。

令 $n(\theta)$ 為在角度 θ 處單位立體角的分子數目，則我們有

$$n(\theta) = n_0 e^{+p_0 E\cos\theta/kT} \tag{11.16}$$

對正常的溫度與場來說，這指數值很小，因而我們可以將指數函數展開，而取其近似

$$n(\theta) = n_0\left(1 + \frac{p_0 E\cos\theta}{kT}\right) \tag{11.17}$$

若我們將 (11.17) 式對所有角度積分，則可求得 n_0；積分結果應該恰好等於 N，即單位體積的分子數目。$\cos\theta$ 對所有角度的平均值等於零，因而這一積分就正好等於 n_0 乘以總立體角 4π。於是我們得到

$$n_0 = \frac{N}{4\pi} \tag{11.18}$$

由 (11.17) 式可以看出，沿著場取向（$\cos\theta = 1$）的分子比逆著場取向（$\cos\theta = -1$）的分子要多；因而在任何含有許多分子的小

體積裡，每單位體積都將有淨偶極矩——亦即極化強度 P。要算出 P，我們必須得到單位體積內所有分子偶極矩的向量和。由於我們知道這結果將沿著 $\boldsymbol{E}$ 方向，所以我們將只對這個方向的分量求和（垂直於 $\boldsymbol{E}$ 的分量之和將為零）：

$$P = \sum_{\substack{\text{單位}\\\text{體積}}} p_0 \cos\theta_i$$

我們可以對整個角分布積分，而算出這個和。在 θ 處的立體角為 $2\pi\sin\theta\,d\theta$，因而

$$P = \int_0^\pi n(\theta) p_0 \cos\theta\, 2\pi \sin\theta\, d\theta \tag{11.19}$$

將 (11.17) 式得到的 $n(\theta)$ 代入，我們有

$$P = -\frac{N}{2}\int_1^{-1}\left(1 + \frac{p_0 E}{kT}\cos\theta\right) p_0 \cos\theta\, d(\cos\theta)$$

上式很容易積分，而得到

$$P = \frac{N p_0^2 E}{3kT} \tag{11.20}$$

由於極化強度與場 E 成正比，所以會有正常的介電質行為。而且，正如我們所預期的，極化強度與溫度成反比，因為在較高溫度時，由於碰撞，使得不整齊排列的分子較多。這個 $1/T$ 的依賴關係稱為居里定律（Curie's law）。永久偶極矩 p_0 之所以出現平方，有下述原因：在一給定電場中，促使分子排列整齊的力與 p_0 成正比，而由分子整齊排列所產生的平均矩又與 p_0 成正比。於是平均感應矩就會與

p_0^2 成正比。

我們現在應該試著看看，(11.20) 式與實驗符合的程度有多好。讓我們考察水蒸汽的情況。由於還不知道 p_0，所以我們無法直接算出 P 來，但 (11.20) 式確實預測 $\kappa - 1$ 應該與溫度成反比，這點我們應該加以核對。

由 (11.20) 式，我們得到

$$\kappa - 1 = \frac{P}{\epsilon_0 E} = \frac{N p_0^2}{3\epsilon_0 kT} \tag{11.21}$$

因而 $\kappa - 1$ 應與密度 N 成正比，且與絕對溫度成反比。介電常數曾在幾個不同壓力和溫度條件下被測量過，對壓力與溫度的選取，可使單位體積內的分子數保持固定不變。*〔注意！假如測量在定壓下進行，則單位體積內的分子數會隨溫度的升高而以線性關係減少，因而 $\kappa - 1$ 將按 T^{-2} 變化、而不是按 T^{-1} 變化。〕圖 11-4 中，我們將實驗觀測到的 $\kappa - 1$ 做爲 $1/T$ 的函數圖示出來。實驗數據相當遵循 (11.21) 式所預測的那種關係。

極性分子的介電常數還有另一種特性——它隨外加電場的頻率變化。由於分子具有轉動慣量，要使那些笨重分子轉向場的方向就需要一些時間。因此，若所加電場的頻率在高微波區或者更高，分子偶極對於介電常數的貢獻會開始下降，因爲分子無法跟得上。與此相反的是，即使電場的頻率高至光頻，電子的極化率仍保持不變，這是由於電子的慣性比較小的緣故。

*原注：請參考：Sänger, Steiger, and Gächter, *Helvetica Physica Acta* **5**, 200 (1932)。

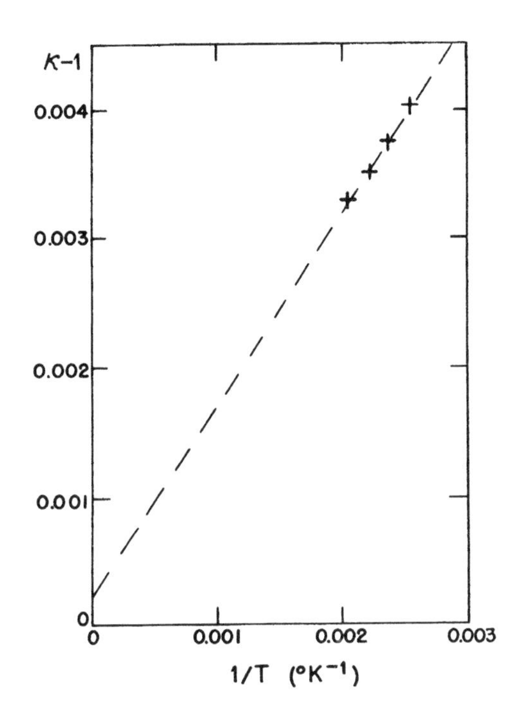

圖 11-4 在不同溫度下，水蒸汽的介電常數的實驗測量值。

11-4 介電質空腔內的電場

我們現在要轉到有趣而又複雜的問題——緻密材料中的介電常數問題。假設我們選取液態氦、液態氬或其他某種非極性材料，我們仍將預期會有電子極化。然而在緻密材料中，$\boldsymbol{P}$ 可以很大，從而使作用在個別原子上的電場，會受鄰近原子的極化所影響。問題在於：作用於個別原子上的電場究竟如何？

設想有一種液體在一電容器的兩板之間。若兩片板子上帶有電荷，則它們將在液體內產生電場。但在個別原子中也有電荷，因而

總場 $\boldsymbol{E}$ 是這兩種效應之和。眞正的電場在液體內從一點至另一點變化得非常、非常快速。電場在原子裡面很強，特別是剛好在原子核附近，而在原子與原子之間就相對弱了。兩板間的電位差，是對總電場的線積分。若我們略去一切微小尺度上的變化，則可以認爲，有一個**平均**電場 $\boldsymbol{E}$ 存在，它恰好就是 V/d（這是上一章中，我們所曾採用過的場）。我們應該將這個場想像成是在含有許多個原子的空間內的平均場。

現在你也許會認爲，處在一般位置上的普通原子將感覺到這一平均場。可是事情並非那麼簡單，若我們想像介電質中有不同形狀的空腔，則經由考慮裡面所發生的情況，就可以證明這一點。舉例來說，假設我們在一塊極化的介電質裡挖出一個槽來，槽的排列方向與電場平行，如圖 11-5(a) 所示。由於我們知道 $\boldsymbol{\nabla} \times \boldsymbol{E} = 0$，故 $\boldsymbol{E}$ 環繞圖 (b) 中所示曲線 Γ 而取的線積分，就應等於零。槽中電場所提供的貢獻，必定恰好抵消來自槽外的場的貢獻。因此，實際上，在一條狹長槽的中心處得到的場 E_0，就等於在介電質內找到的平均電場 E。

現在考慮另一種槽，它較大的面與 E 垂直，如圖 11-5(c) 所示。在這種情況下，槽內的場 E_0 就不同於 E，因爲極化電荷出現在槽面上了。若應用高斯定律於圖 (d) 中所畫出來的那個表面 S，則我們發現**在槽內**的場由如下所示：

$$\boldsymbol{E}_0 = \boldsymbol{E} + \frac{\boldsymbol{P}}{\epsilon_0} \tag{11.22}$$

其中，E 仍然是介電質內的場（該高斯面含有面極化電荷 $\sigma_{極化} = P$）。我們曾經在第 10 章中提及，$\epsilon_0 E + P$ 這個量常稱爲 D，因而 $\epsilon_0 E_0 = D_0$ 就等於介電質內的 D。

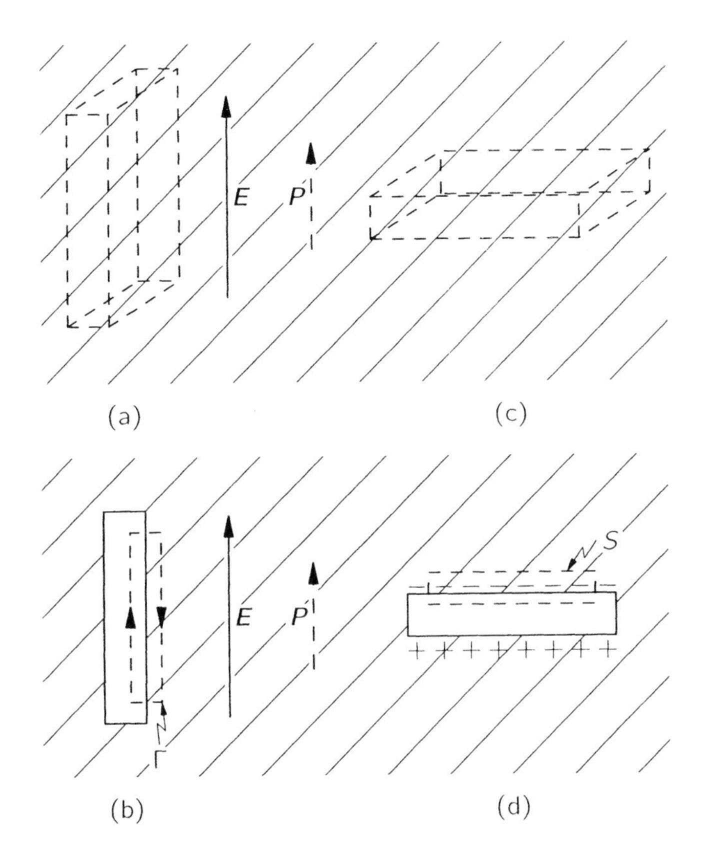

圖 11-5　從介電質裡切割出一個槽，槽中的電場取決於槽的形狀及方向。

在物理學較早期的歷史中，那時人們認爲，每個量都要直接由實驗來下定義，這件事是非常重要的，因而當他們發現，不必在原子之間鑽研，就能夠給介電質內的 E 和 D 下定義時，感到十分喜悅。在數值上，平均場 $\boldsymbol{E}$ 就等於平行於場的槽中所量得的場 $\boldsymbol{E}_0$。而挖一個垂直於場的槽，並求得其中的 E_0，就可測得場 $\boldsymbol{D}$。但是從來沒有人用這種方法來測量 E 和 D，因而這不過是哲學上的東西而已。

對於結構不太複雜的大多數液體來說，我們可以預期：一般說來，一個受到其他原子包圍的原子，可以當作它處在一個**球形空腔**之中，這是很好的近似。因而我們會問：「在球形空腔中的場究竟如何？」若我們注意到，設想在均勻極化的材料中，挖出一個球形空腔，那不過是將極化材料中的一顆球體移出去罷了，這樣就可以將腔內的場找出來。（我們必須想像在挖出空腔之前，極化已經被「凍結」了。）然而，根據疊加原理，在該球體移出之前，介電質內部的場等於，球體積外所有電荷的場，再加上極化球內部電荷的場。也就是說，若我們將均勻介電質內的場叫做 $\boldsymbol{E}$，則可以寫成

$$\boldsymbol{E} = \boldsymbol{E}_{\text{空腔}} + \boldsymbol{E}_{\text{塞子}} \tag{11.23}$$

式子中，$E_{\text{空腔}}$ 指空腔內的場，而 $E_{\text{塞子}}$ 則爲均勻極化球內的場（見圖 11-6）。由一個均勻極化球所產生的場如圖 11-7 所示。這個球體之內的電場是均勻的，其值爲

$$\boldsymbol{E}_{\text{塞子}} = -\frac{\boldsymbol{P}}{3\epsilon_0} \tag{11.24}$$

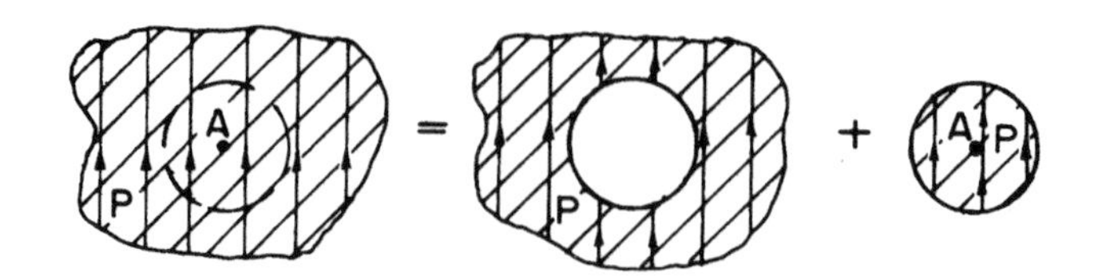

圖 11-6 介電質內任一點 A 的場，可想成是一個球形空腔內的場，與一個球形塞子所產生的場之和。

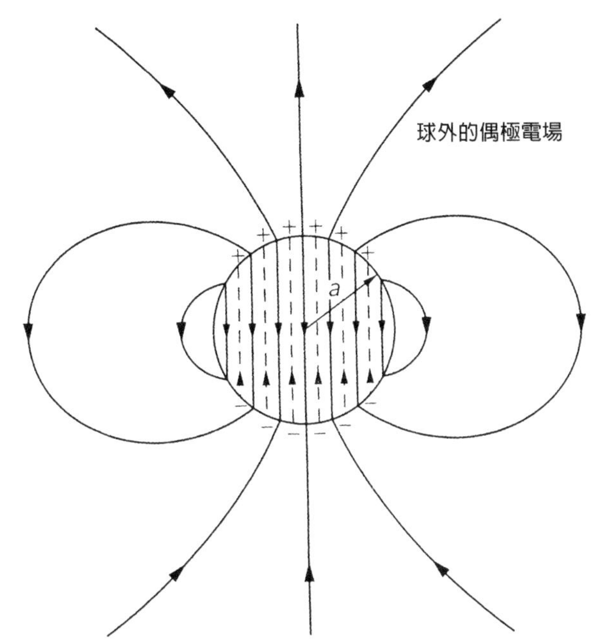

圖 11-7 均勻極化球的電場

應用 (11.23) 式，我們得到

$$E_{空腔} = E + \frac{P}{3\epsilon_0} \tag{11.25}$$

球形空腔內的場，比平均場要大了 $P/3\epsilon_0$。（係數 1/3 表明：球形空腔內的場，介於平行於場之槽內的場，與垂直於場之槽內的場這兩者之間。）

11-5 液體的介電常數；克勞修斯—莫梭提方程式

在液體中， 我們預期對個別原子起極化作用的場類似 $E_{空腔}$，而不是 E。若我們將 (11.25) 式的 $E_{空腔}$當作 (11.6) 式中的極化場，則 (11.8) 式變成

$$P = N\alpha\epsilon_0\left(E + \frac{P}{3\epsilon_0}\right) \tag{11.26}$$

或

$$P = \frac{N\alpha}{1 - (N\alpha/3)}\,\epsilon_0 E \tag{11.27}$$

我們回憶起 $\kappa - 1$ 正好是 $P/\epsilon_0 E$，因而有

$$\kappa - 1 = \frac{N\alpha}{1 - (N\alpha/3)} \tag{11.28}$$

這為我們提供了用原子極化率 α 表達的液體介電常數。(11.28) 式稱為克勞修斯—莫梭提方程式（Clausius-Mossotti equation）。

每當 $N\alpha$ 非常小時，比如在氣體那種情況（因為密度 N 很小），則 $N\alpha/3$ 這一項，與 1 相比之後，可以忽略，因而我們得到以往的結果，即 (11.9) 式：

$$\kappa - 1 = N\alpha \tag{11.29}$$

讓我們拿 (11.28) 式同某些實驗結果進行比較。首先有必要考慮我們能夠用 κ 的測量值，從 (11.29) 式算出 α 來的那些氣體。例如，對於在 0℃的二硫化碳（CS_2）來說，介電常數為 1.0029，所以 $N\alpha$ 就是 0.0029。氣體的密度一般容易算出，而液體的密度則可從手冊中查到。液態 CS_2 在 20℃的密度，是氣態在 0℃時的 381 倍。這意

味著，CS_2 在液態時的 N，是在氣態時的381倍，因而，倘若我們採取近似，認為凝結成液體時，基本原子極化率並未改變，那麼在液態中的 $N\alpha$ 便是0.0029的381倍，即1.11。注意 $N\alpha/3$ 這一項的值接近0.4，所以就顯得非常重要。用這些數字，我們預測介電常數等於2.76，與觀測值2.64相當符合。

表11-1中，我們列出幾種不同材料的一些實驗數據（取自《物理化學手冊》），與按剛才所述的方法由(11.28)式計算出來的介電常數。對於氬（Ar）和氧（O_2）來說，觀測值與理論值的符合程度甚至比 CS_2 還要好；而以四氯化碳（CCl_4）來說，理論值與觀測值的符合程度就不那麼好了。大體上，結果顯示(11.28)式很有用。

我們對(11.28)式的推導，僅適用於液體中的**電子**極化。對於 H_2O 那樣的極性分子來說，這個式子就不正確了。要是我們對水也做同樣的計算，便會得出 $N\alpha$ 等於13.2，這意味著該液體的介電常數為**負值**，但 κ 的觀測值卻是80。這一問題牽涉到，如何對永久偶極矩做正確的處理，而昂薩格（Lars Onsager）已經指出正確的方向。我們沒有時間來討論這種情況，但若大家感興趣的話，可以參考基帖耳（Charles Kittel）所著的《固態物理學導論》（*Introduction to Solid State Physics*），書中對這個問題有所論述。

表11-1 從氣體介電常數計算出來的液體介電常數

	氣體			液體				
物質	κ(實驗值)	$N\alpha$	密度	密度	比值*	$N\alpha$	κ(預測值)	κ(實驗值)
CS_2	1.0029	0.0029	0.00339	1.293	381	1.11	2.76	2.64
O_2	1.000523	0.000523	0.00143	1.19	832	0.435	1.509	1.507
CCl_4	1.0030	0.0030	0.00489	1.59	325	0.977	2.45	2.24
Ar	1.000545	0.000545	0.00178	1.44	810	0.441	1.517	1.54

*比值＝液體密度／氣體密度

11-6 固態介電質

現在我們來討論固體。關於固體的第一個有趣的事實是，固體可能存在內建的永久極化——即使沒有外加電場，永久極化也依然存在。例如像蠟這種材料，含有帶永久偶極矩的長形分子。要是你熔解了一些蠟，並且在它為液態時加上強電場，使得那些偶極矩部分排列起來，那麼當液體凝固時，它們將保留原樣。把電場移去後，這固體材料仍將具有那遺留下來的永久極化。像這樣的固體稱為**永電體**（electret）。

永電體的表面上會有永久的極化電荷，它是類似磁鐵的帶電體。然而永電體並不怎麼有用，因為來自空氣的自由電荷會被吸引至表面上，最後抵消了那些極化電荷。永電體被「放電」，因而便沒有可見的外電場了。

某些結晶物質中，也可以找到自然發生的永久內部極化強度 P。在這類晶體中，晶格的單位晶胞都有相同的永久偶極矩，如圖 11-8 所示。即使沒有外加電場，所有偶極仍會指向同一方向。事實上，許多複雜晶體都有這種極化現象；但我們平常並未注意到，這是因為晶體外面的場已被放電，正如永電體的情況那樣。

然而，若是晶體中這些內在偶極矩發生變化，則由於此時雜散電荷（stray charge）還來不及聚集起來，抵消這些電荷，所以外電場會顯現出來。倘若介電質在電容器內，那麼自由電荷將會感生在極板上。例如，加熱介電質時，其中的電偶極矩可能由於晶體受熱膨脹而發生變化。這種效應稱為**焦熱電**（pyroelectricity）。同樣的，若是我們改變晶體中的應力，例如將晶體彎曲，偶極矩也可能稍微改變，而出現微小的電效應，稱為**壓電現象**（piezoelectricity），這是

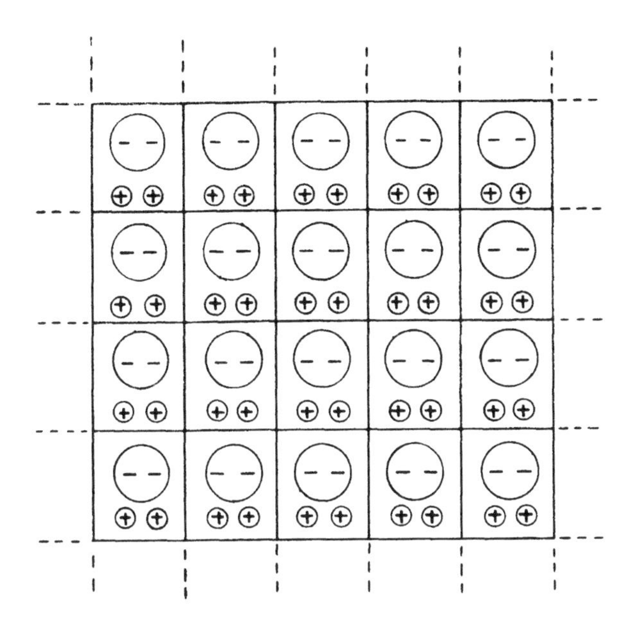

圖 11-8 複雜的晶格可以有永久的內在極化強度 P

可以探測出來的。

對於那些不具有永久電極矩的晶體來說，我們可以得出一種涉及原子中電子極化率的介電常數理論，與液體的情況很類似。有些晶體內部還存在可轉動的偶極，而這些偶極的轉動也會對 κ 有所貢獻。在諸如 NaCl 這種離子晶體中，還有**離子極化率**（ionic polarizability）。這種晶體由正、負離子排列而成的方格構成，在電場中，正離子會給拉向一邊，而負離子會給拉向另一邊；正電荷和負電荷之間有淨相對運動，因而也就有了體極化（volume polarization）。根據食鹽晶體的硬度知識，我們能夠估計出這種離子極化率的大小，但我們並不打算在這裡討論這一主題。

11-7 鐵電性；$BaTiO_3$

我們現在要來描述一類特殊的晶體，幾乎是出於偶然，它們才具有內建的永久電極矩。這類晶體的情況是如此接近臨界狀態，若稍微升高一點溫度，它們便將完全喪失永久電極矩。另一方面，若它們接近於立方晶體，使得它們的極矩可以在不同方向旋轉，則我們可以在改變外電場時，探測到很大的極矩變動。所有的極矩都翻轉過來了，因而得到很大的效應。凡具有這種永久電極矩的物質，我們都說它們有**鐵電性**，得名於最早在鐵中發現的鐵磁效應。

我們願意用描述鐵電材料的一個特殊例子，來解釋鐵電性是如何產生的。有幾種方式可以產生鐵電特性；但我們將只討論其中一種神祕情況── $BaTiO_3$（鈦酸鋇）。這種材料的晶胞，具有如圖 11-9 繪出的那種晶格。事實證明，在某個溫度以上，具體的說，即在 118℃以上，鈦酸鋇是一種普通的介電質，具有巨大的介電常數。然而，在這溫度以下，鈦酸鋇會突然具有永久電極矩。

在計算固態材料的極化時，我們必須首先求得每個單位晶胞的局部電場，因此我們必須將極化本身產生的場也計算在內，如同前面處理液體的情況那樣。但晶體並非均勻液體，因而我們不能採用球形空腔內可能得到的那種局部場。假若你對晶體進行計算，就會發現在 (11.24) 式中的那個因子 1/3 將變得稍微不同，但與 1/3 相去不遠。（對於簡單立方晶體來說，這個因子正好是 1/3 。）因此，在這裡的初步討論中，我們將假定在 $BaTiO_3$ 中，這個因子為 1/3 。

當我們在前面寫出 (11.28) 式時，你可能就已懷疑，要是 $N\alpha$ 大於 3，那會發生什麼情況呢？看起來 κ 似乎會變成負數，但這肯定不對。讓我們來看看，要是在一特定晶體中，讓 α 逐漸變大，會出

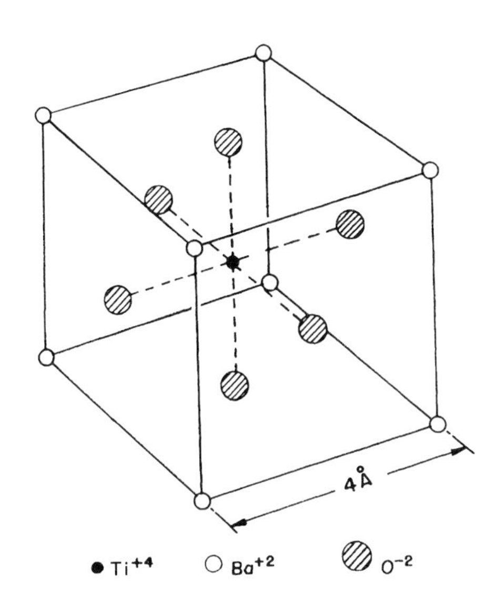

圖 11-9 $BaTiO_3$ 的單位晶胞。原子實際上填滿了大部分空間，但為了看起來清楚起見，只表示出原子的中心位置。

現什麼情況。當 α 變大時，極化隨之加大，形成了較強的局部電場。可是，較強的局部電場將使每一原子的極化增強，又進一步提高了局部電場。假如原子的「適應性」足夠大，則這一過程會繼續下去；這裡有一種回饋作用，使得極化無限度增強——假定每一原子的極化，始終正比於場而增強。這個「失控」條件發生在 $N\alpha = 3$ 時。當然，極化不會變成無限大，因爲應電極矩與電場之間的正比關係在強場時失靈了，使得上述一些公式不再正確。眞正發生的情況是，晶格「鎖」在有很大的自生內部極化情況之下。

在 $BaTiO_3$ 的例子中，除了電子極化之外，還有相當大的離子極化，這可假定是由於鈦離子在立方晶格中會稍微移動而引起的。不過，晶格會阻礙大的運動，因而當鈦離子移動一小段距離後，就會被堵住而停下來。但這時晶胞已經把永久偶極矩保留下來了。

在大多數晶體中，這就是在能夠達到的溫度下的實際情況。關於 $BaTiO_3$，有一件十分有趣的事情，由於存在一個靈敏的條件，即只要 $N\alpha$ 變小一點點，就不會固定下來。既然 N 隨著溫度升高而變小——由於熱膨脹的緣故——我們便能經由改變溫度來調整 $N\alpha$。在臨界溫度下，它才勉強被固定下來，因而我們只要施加電場，就很容易改變極化，並將它鎖定在另一個方向上。

讓我們來看看，我們能否更詳細的討論所發生的事態。我們將 $N\alpha$ 剛好等於 3 的那個溫度，稱作臨界溫度 T_c。當溫度升高時，由於晶格膨脹，N 就會減少一些。由於膨脹很小，所以我們可以說，在臨界溫度附近，有下述關係

$$N\alpha = 3 - \beta(T - T_c) \tag{11.30}$$

式中的 β 是一個很小的常數，與熱膨脹係數有相同的數量級，即約等於 10^{-5} 至 10^{-6}／℃。現在，若我們將這一關係式代入 (11.28) 式中，便可以得到

$$\kappa - 1 = \frac{3 - \beta(T - T_c)}{\beta(T - T_c)/3}$$

由於我們已假定 $\beta(T - T_c)$ 與 1 相比很小，因而可將上式近似化成

$$\kappa - 1 = \frac{9}{\beta(T - T_c)} \tag{11.31}$$

當然，上述關係式只有當 $T > T_c$ 時才正確。我們看到，恰好在臨界溫度以上時，κ 非常之大。由於 $N\alpha$ 如此接近 3，因此有巨大的放大效應，使得介電常數可以輕易高達 50,000 至 100,000。介電常數對溫度也非常敏感。當溫度升高時，介電常數與溫度成反比而降低；與偶極性氣體的情況不同，偶極性氣體的 $\kappa - 1$ 與**絕對**溫度成反比，而對於鐵電體來說，$\kappa - 1$ 隨絕對溫度與臨界溫度之差成

反比變化〔這一定律稱爲居里—外斯定律（Curie-Weiss law）〕。

當我們把溫度降至臨界溫度時，會發生什麼情況呢？若設想一個像圖 11-9 所示的單位晶胞的晶格，我們將會看到有可能找出沿垂直線的離子鏈。其中之一，是由氧離子和鈦離子彼此相間組成的。還有其他一些線，則分別由鋇離子或氧離子構成，但沿這些線上的間隔要大一些。藉由想像出如圖 11-10(a) 所示的一系列離子鏈，我們便可以做出簡單的模型來模擬這種情況。

沿著我們所稱的主鏈，其中的離子間隔爲 a ，等於晶格常數的一半；在完全相同的兩條鏈之間，其橫向距離爲 $2a$ 。在這些主鏈之間，還有一些不那麼緻密的鏈，我們暫且不予考慮。爲使分析容易一些，我們也將假定在各條主鏈上的所有離子完全相同。（這不

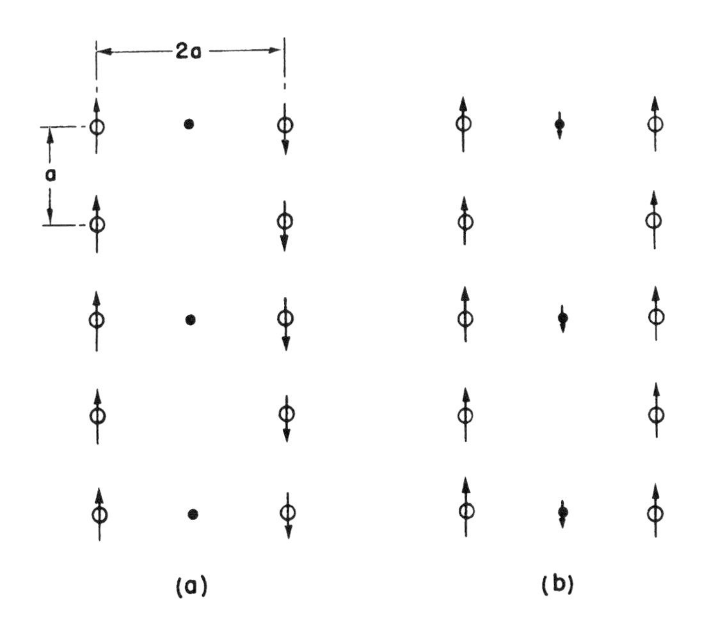

圖 11-10　鐵電體的模型：(a) 相當於反鐵電體，(b) 相當於正常鐵電體。

是很嚴重的簡化，因爲所有一切重要的效應仍然會出現。這是理論物理的技巧之一。先做另一個問題，因爲它較容易解決，然後，在已經理解事情怎樣進行之後，才將一切複雜情況都放進來。)

現在讓我們試著按照上述模型，找出可能會發生的事情。我們假定每一原子的偶極矩爲 p ，並希望算出其中一條原子鏈的場。我們必須求出來自其他所有原子之場的總合。我們將先算出只來自一條垂直鏈中各偶極的場，其他的鏈，我們以後再談。沿著偶極軸向，並與其相距爲 r 處的場，可由下式得到：

$$\boldsymbol{E}=\frac{1}{4\pi\epsilon_0}\frac{2p}{r^3} \tag{11.32}$$

在任一特定原子處，在它上面與下面與其等距的兩個偶極所提供的場都指向相同的方向，因而對整條鏈來說，我們可得到

$$\boldsymbol{E}_{\text{鏈}}=\frac{p}{4\pi\epsilon_0}\frac{2}{a^3}\cdot\left(2+\frac{2}{8}+\frac{2}{27}+\frac{2}{64}+\cdots\right)=\frac{p}{\epsilon_0}\frac{0.383}{a^3} \tag{11.33}$$

這不太難證明，要是我們的模型像正立方晶體，也就是說，若近鄰的全同鏈只距離 a ，則數值 0.383 會變成 1/3 。換句話說，要是最近的鏈位於距離 a 處，它們對整個和的貢獻，也不過是 -0.050 單位。然而，我們正在考慮的主鏈，卻在距離 $2a$ 處，而正如你記得第 7 章中所講的，來自週期性結構的場，隨距離而呈指數式衰減。因而這些鏈的貢獻，將遠比 -0.050 還小，這正好可以使我們略去其他鏈的貢獻。

現在，應當找出要有多大的極化率 α，才使得失控過程發生。假定鏈中每一原子的感應極矩 p 正比於作用在它上面的場，如 (11.6) 式所示。利用 (11.33) 式，我們就可從 $E_{\text{鏈}}$ 得到作用於原子上、使其極化的場。因而便有下列兩式：

$$p = \alpha\epsilon_0 E_{\text{鏈}}$$

和

$$E_{\text{鏈}} = \frac{0.383}{a^3}\frac{p}{\epsilon_0}$$

上面這一對方程式有兩個解：E 和 p 均為零，或當 E 和 p 均為有限時，

$$\alpha = \frac{a^3}{0.383}$$

於是，若 α 與 $a^3/0.383$ 同樣大，則由它本身的場所維持的永久極化便將出現。這一臨界等式對於鈦酸鋇來說，必須正好在溫度 T_c 時達到。（注意，假如 α 高於弱場的臨界值，則在強場中，α 應降低，而在平衡態，我們已找到的相同等式仍將成立。）

對於 $BaTiO_3$ 來說，間距 a 為 2×10^{-8} 公分，因而我們必然預期 $\alpha = 21.8 \times 10^{-24}$ 公分^3。我們可以將它與單個原子的已知極化率做比較。對於氧，$\alpha = 30.2 \times 10^{-24}$ 公分^3；看來我們的方向是正確的！但對於鈦，$\alpha = 2.4 \times 10^{-24}$ 公分^3，這就相當的小。為了運用上述模型，我們大概應當採取它們的平均值。（我們本來可再度就不同原子相間的那種鏈進行計算，但結果卻幾乎相同。）因此，α（平均）$= 16.3 \times 10^{-24}$ 公分^3，尚未大到足以提供永久極化的程度。

但請等一等！迄今為止，我們只把電子極化率加了起來。此外，還有由於鈦離子移動而引起的某些離子極化。我們只需要一個等於 9.2×10^{-24} 公分^3 的離子極化率（用不同原子相間所做的更精密計算顯示，實際上需要的是 11.9×10^{-24} 公分^3）。要理解 $BaTiO_3$ 的特性，我們就得假定有這麼一種離子極化率存在。

我們還不清楚，在鈦酸鋇中，為何鈦離子會有那麼大的離子極

化率。此外，我們也不明白，在較低溫度時，鈦酸鋇在體對角線和在面對角線的極化程度爲何會相同。若我們將圖 11-9 中各球的實際大小都算出來，並問在由鈦的近鄰氧原子所構成的箱子中，鈦離子是否會有點鬆動（鈦離子鬆動，是大家所期望的，這樣鈦離子才較容易移動），你卻會找到完全相反的答案：鈦給塞得很緊。而**鋇**原子就有點兒鬆，但要是你讓鋇原子運動，也算不出那種結果。因此你看，這一主題，實際上還沒有百分之百弄清楚，仍然還有一些我們渴望瞭解的奧祕。

回到圖 11-10(a) 的簡單模型上頭，我們看到，來自一條鏈的場，傾向於使鄰近的鏈朝**相反**方向極化，這意味著，儘管每一條鏈會被鎖住，但每單位體積卻不會有淨極矩！（這樣雖然不會有外部的電效應，但仍存在某種人們可以觀測到的熱力學效應。）像這樣的系統確實存在，並稱爲反鐵電性。因此，我們剛才所解釋的，乃是反鐵電體。然而，鈦酸鋇中確實排列得如圖 11-10(b) 那樣。所有的氧—鈦鏈都在同一個方向上極化，因爲它們之間還有一些居間原子鏈存在。儘管這些鏈中的原子並不是非常容易極化，也並非十分緻密，但仍將在與氧—鈦鏈相反的方向上有些極化。這極化作用在近鄰一條氧—鈦鏈上所產生的弱場，會促使它本身處於與第一條鏈相平行的方向。因此， $BaTiO_3$ 的確是鐵電性的，這是由於在鏈與鏈之間還存在一些原子。你或許會覺得好奇：「在兩條氧—鈦鏈之間的直接影響又會是怎麼樣呢？」然而，你應當記住，直接效應是隨著距離呈指數式減弱的；**強**偶極的鏈在 $2a$ 距離上的效應，可能還小於弱偶極的鏈在 a 距離上的效應。

以上即是我們目前對於氣體、液體和固體之介電常數的理解，我們這場相當詳盡的報告到此爲止。

第12章 靜電類比

12-1 相同的方程組具有相同的解

自科學興起以來，人們對於物理世界所獲得的知識總量非常多，任何人想要懂得分量不少的其中一部分，都似乎是不可能的。但實際上，物理學家仍然很有可能掌握物理世界的廣泛知識，而不致成爲某一狹窄範圍內的專家。

這裡面有三重原因：第一，有一些重大的原理，例如能量守恆原理及角動量守恆原理，可以應用到所有各種現象上去。透澈瞭解這類原理，就可以一次瞭解很多事情。其次，存在這麼一個事實，許多複雜現象，諸如固體在受壓縮時的行爲，實際上基本取決於電力以及量子力學方面的力，所以假若人們理解了電學和量子力學的基本定律，至少對發生於複雜情況下的許多現象，就有可能加以理解。最後，還有一個最引人矚目的巧合：**許多不同物理情況的方程式，都具有完全相同的形式**。當然，符號可能不同——一個字母代替了另一個字母，但方程式的數學形式卻彼此相同。這意味著，已經學習過一個學科之後，對於另一個學科的方程式的解，我們便立即擁有大量直接而又精確的知識。

現在，我們已結束了靜電學這一科目，即將繼續學習磁學和電動力學。但在這樣做之前，我們想要指出：在學習靜電學的同時，我們就已經學習了許多其他學科。我們將發現，靜電學的方程組會出現在物理學的其他幾個場合。經由對解的直接轉譯（當然，相同的數學方程組，必定具有相同的解），就有可能像在靜電學中那般容易，或那般困難的解決其他領域中的問題。

我們知道，靜電學方程組是：

$$\nabla \cdot (\kappa \boldsymbol{E}) = \frac{\rho_{自由}}{\epsilon_0} \tag{12.1}$$

$$\nabla \times \boldsymbol{E} = 0 \tag{12.2}$$

（我們這裡選取了含有介電質的靜電學方程組，以便涵蓋最普遍的情況。）同樣的物理內容，也可以表達爲另外的數學形式：

$$\boldsymbol{E} = -\nabla \phi \tag{12.3}$$

$$\nabla \cdot (\kappa \nabla \phi) = \frac{\rho_{自由}}{\epsilon_0} \tag{12.4}$$

現在問題的要點在於，許多物理問題的數學方程都具有相同的形式。位勢（ϕ）的梯度乘以一純量函數（κ），這個乘積的散度等於另一純量函數（$-\rho_{自由}/\epsilon_0$）。

我們對靜電學所知道的任何東西，都可以立即轉移到其他學科裡去，**反之亦然**。（當然，這兩個方向都是行得通的——假若其他學科具有某些已知的特定性質，那麼我們也可以將這知識用到相對應的靜電學問題上。）下面我們將考慮一系列例子，都來自能夠產生這種形式的方程組的不同學科。

12-2 熱流；無限大平面邊界附近的點源

我們以前（在第3-4節中）就曾討論過一個例子——熱流。設想有一大塊材料，它無需均勻，也可以是在不同地方含有不同材質，而其內部溫度是逐點變化的。這些溫度變化的結果產生一股熱流，可用向量 $\boldsymbol{h}$ 來表示，表示每秒通過垂直於流向的單位面積的熱量。$\boldsymbol{h}$ 的散度，表示熱從區域單位體積離開的速率：

$$\nabla \cdot \boldsymbol{h} = \text{單位時間內從單位體積流出的熱量}$$

（當然，我們也可將方程式寫成積分的形式，正如我們以前在靜電學中對高斯定律所做的，這將說明：通過一個面的通量，等於材料內部熱能的變化率。我們不準備自找麻煩，將這方程組在微分與積分形式之間變來變去，因爲這與靜電學中完全一樣。）

在各個地方，熱的產生率或吸收率，當然依問題的不同而異。例如，假設在材料內部有一個熱源（也許是一個放射源，或是由電流加熱的電阻器）。讓我們將這個源每秒在單位體積中所產生的熱能叫做 s。體積內，也可能還有轉變成其他類型的內能而引起的熱能耗損（或增益）。設 u 爲單位體積的內能，則 $-du/dt$ 也將是熱能的一個「源」。於是我們有

$$\nabla \cdot \boldsymbol{h} = s - \frac{du}{dt} \tag{12.5}$$

我們眼下不打算討論其中事物隨時間變化的完整方程式，因爲我們正在做靜電類比，這裡並沒有什麼東西和時間相關。我們將只考慮**穩定熱流**的問題，其中有些恆定源已產生了平衡態。在這些場合下，

$$\nabla \cdot \boldsymbol{h} = s \tag{12.6}$$

當然，還必須用另一個方程式來描述，在不同地方，熱是如何流動的。在許多種材料中，熱流近似與溫度對位置的變化率成正比：溫差愈大，熱流愈強。正如我們曾經見到的，熱流這一**向量**與溫度梯度成正比：

$$\boldsymbol{h} = -K\,\nabla T \tag{12.7}$$

比例常數 K 稱為**熱導率**（thermal conductivity），代表材料的一種性質。假若材料的導熱性是隨地點而變的，則 $K = K(x, y, z)$ 就是一個位置函數。（(12.7) 式並不如表達熱能守恆的 (12.5) 式那麼基本，因為 (12.7) 式依賴物質的特性。）現在，若我們將 (12.7) 式代入 (12.6) 式，便有

$$\nabla \cdot (K\,\nabla T) = -s \tag{12.8}$$

與 (12.4) 式在形式上完全相同。**穩定熱流問題與靜電學問題相同**。熱流向量 $\boldsymbol{h}$ 對應電場 $\boldsymbol{E}$，而溫度 T 則對應於 ϕ。我們已經注意到，一個點熱源會產生按 $1/r$ 變化的溫度場，以及按 $1/r^2$ 變化的熱流。這不過是來自靜電學的陳述的一種轉譯，即一個點電荷會產生按 $1/r$ 變化的電位，以及按 $1/r^2$ 變化的電場。一般說來，我們能夠如同解決靜電學問題那樣容易去解決穩定熱流問題。

考慮一個簡單例子。假設有一個半徑為 a、溫度為 T_1 的圓柱，溫度由圓柱內產生的熱維持著（可能是一條載有電流的導線，或一條其中有蒸汽正在凝結的管子）。圓柱外面覆蓋著一層絕緣材料做的同心護套，這種材料的熱導率為 K。令絕緣套的外半徑為 b，套外的溫度為 T_2（圖 12-1(a)）。我們想找出導線、蒸汽管、或在軸心上的任何東西的熱量耗損率。設長度為 L 的一段管子，每秒所損失的總熱量為 G —— 這就是我們試著要去求的。

我們如何才能求解這個問題呢？我們已有了上述的微分方程式，但是由於這些方程式和靜電學的相同，所以實際上我們已解決了這個數學問題。類似的電學問題是：半徑為 a、電位為 ϕ_1 的圓柱導體，與半徑為 b、電位為 ϕ_2 的另一個圓柱導體分隔開，兩者之間填充了一層同軸的介電質材料，如圖 12-1(b) 所示。現在，既然熱流 $\boldsymbol{h}$ 對應於電場 $\boldsymbol{E}$，我們所要求的 G 就對應於長度 L 的電場通量

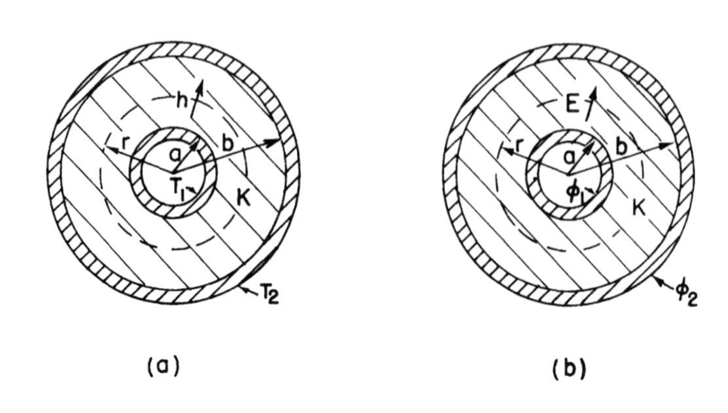

圖 12-1 (a) 在一個圓柱狀體中的熱流。(b) 相對應的電學問題。

(換句話說，對應於長度 L 上的電荷除以 ϵ_0)。我們已經用高斯定律解決了靜電學問題，對於熱流問題，我們也按照相同的步驟來求解。

由題目中的對稱性可知，h 僅取決於離軸心的距離 r。所以，我們將管子包在一個長為 L、半徑為 r 的高斯圓柱面之內。根據高斯定律，我們知道：熱流 h 乘以該表面的面積 $2\pi rL$，必須等於內部所產生的總熱量，即我們所稱的 G：

$$2\pi rLh = G \quad \text{或} \quad h = \frac{G}{2\pi rL} \tag{12.9}$$

熱流與溫度梯度成正比：

$$\boldsymbol{h} = -K\,\boldsymbol{\nabla}T$$

或者在此情況下，$\boldsymbol{h}$ 的大小為

$$h = -K\frac{dT}{dr}$$

上式同 (12.9) 式一起給出

$$\frac{dT}{dr} = -\frac{G}{2\pi KLr} \tag{12.10}$$

從 $r=a$ 至 $r=b$ 進行積分，我們得到

$$T_2 - T_1 = -\frac{G}{2\pi KL}\ln\frac{b}{a} \tag{12.11}$$

解出 G，我們得到

$$G = \frac{2\pi KL(T_1 - T_2)}{\ln(b/a)} \tag{12.12}$$

這一結果完全對應於圓柱形電容器上的電荷

$$Q = \frac{2\pi\epsilon_0 L(\phi_1 - \phi_2)}{\ln(b/a)}$$

問題相同，因而有相同的解。從我們的靜電學知識，我們也會知道一條隔熱管道損失了多少熱量。

現在來討論熱流的另一個例子。假設我們想知道一個點熱源周圍的熱流，這個點熱原可能位於離地表不遠的地底下，或在一大塊金屬表面附近。這個定域熱源也許是在地下爆炸的原子彈所留下來的強烈熱源，或許相當於一大塊鐵中的一個小小放射源——總之存在種種的可能性。

我們將處理這樣一個理想化的問題：一個強度爲 G 的點熱源，置於一塊無限大均勻材料的表面下距離爲 a 的地方，材料的熱導率爲 K，我們將忽略材料外面空氣的熱導率。我們希望求得這塊材料

表面上的溫度分布。在材料表面正對熱源的那一點，以及其他各處的溫度是多少呢？

我們該如何求解這個問題呢？這很像靜電學中的這樣問題：在一平面邊界的兩側，存在介電常數 κ 不同的兩種材料。啊哈！類似於一點電荷位於某邊界附近的情況，此邊界處在介電質與導體或類似的東西之間。讓我們瞧瞧，邊界附近的情況如何。有關的物理條件是，表面上 $\boldsymbol{h}$ 的法向分量爲**零**，因爲我們已假定沒有熱量流出這塊材料外。我們會問：哪一種靜電學問題中，會有這樣的條件，即在表面處電場 $\boldsymbol{E}$（類比於 $\boldsymbol{h}$）的法向分量爲**零**呢？但是，這種情況並不存在！

這是一件我們務必當心的事情。由於一些物理原因，可能在任一門學科中，對數學條件產生了某些限制。因此，若我們只分析幾種有限情況的微分方程式，便可能會遺漏掉在其他物理情況下能夠發生的某些類型的解。例如，沒有一種材料的介電常數爲零，而眞空的熱導率卻確實爲零。所以對於完全絕熱的物體，竟然找不出靜電的類比來。然而，我們還是可以採用同樣的**方法**。我們可以試著**想像**，假如介電常數等於零，將會發生什麼情況。（當然，在任何實際情況中，介電常數永遠都不會等於零。但也許會有這麼一種情況，有一種材料的介電常數非常**高**，使得我們可以略去外面空氣的介電常數。）

我們如何找出**沒有**垂直於表面的分量的那種電場呢？也就是，如何找出一種永遠都與表面**相切**的電場呢？你會注意到，我們的問題與在一平面導體附近放置一個點電荷的問題正好相反。在那個問題裡，我們曾要求一個**垂直**於表面的場，因爲該導體全都處於相同的電位。在電學問題中，我們設想導電板後面有一個點電荷，而發明了一種解法。我們可再次使用同樣的概念。我們試著挑選一個

「像源」，它將自動使得在表面上的場的法向分量爲零。這種解法如圖 12-2 所示。一個**正負號相同**且強度相等的像源置於表面之上、距離爲 a 處，將使得場總是與材料表面正切。這兩個源的法向分量相互抵消了。

這樣，我們的熱流問題就解出來了。透過直接類比，在各處的溫度與兩個相等點電荷產生的位勢相同！無限大介質中的單一點源 G，在距離爲 r 處所產生的溫度爲

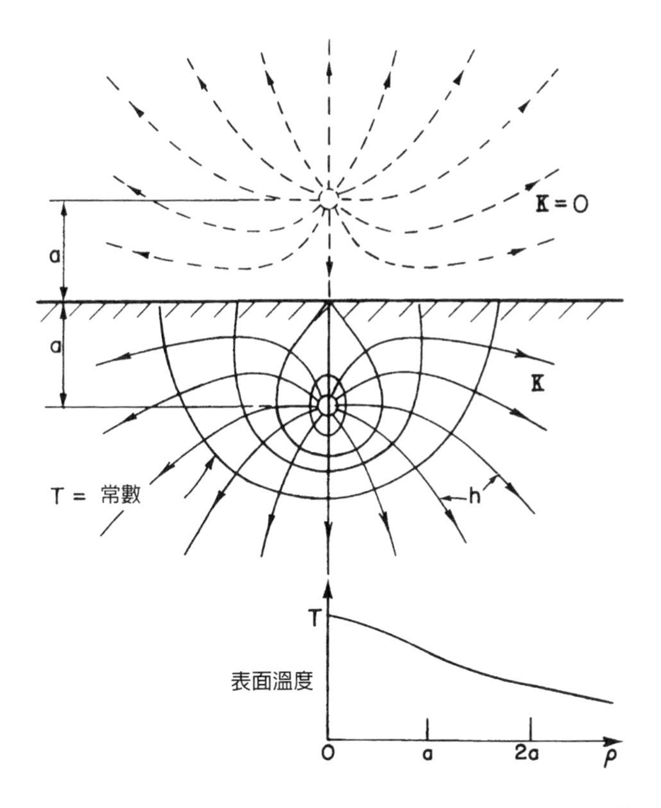

圖 12-2　優良熱導體表面之下、距離為 a 處，有一點熱源，在熱源周圍附近所產生的熱流與等溫面。材料外顯示的是一個像源。

$$T = \frac{G}{4\pi Kr} \tag{12.13}$$

（當然，這只是 $\phi = q/(4\pi\epsilon_0 r)$ 的類比。）對於一個點源來說，若加上它的像源，所產生的溫度就是

$$T = \frac{G}{4\pi Kr_1} + \frac{G}{4\pi Kr_2} \tag{12.14}$$

上式給出了大塊材料內任一點的溫度。圖 12-2 中示出幾個等溫面，同時也示出一些 $\boldsymbol{h}$ 線，它們可由 $\boldsymbol{h} = -K\boldsymbol{\nabla}T$ 獲得。

我們原來問的是表面上的溫度分布。對於表面上離軸心 ρ 的一點，即在 $r_1 = r_2 = \sqrt{\rho^2 + a^2}$ 處，就會有

$$T\text{（表面）} = \frac{1}{4\pi K}\frac{2G}{\sqrt{\rho^2 + a^2}} \tag{12.15}$$

這一函數在圖上也表示了出來。剛好在熱源正上方的溫度，自然會高於其他較遠處的溫度。這是地球物理學家經常需要解決的那類問題。我們現在看到，這也是我們在電學上已經解決的同類事情。

12-3 繃緊的薄膜

現在讓我們來考慮一種完全不同的物理情況，不過它會再次帶來相同的方程式。考慮一層很薄的橡膠，也就是一張膜，鋪在很大的水平框架上而被拉緊（如一張鼓膜）。現在假設這張膜的一處給頂起來，而另一處被壓下，如圖 12-3 所示。我們能夠描述這個表面的形狀嗎？我們即將說明，當膜的撓曲程度不太大時，這一問題如何解決。

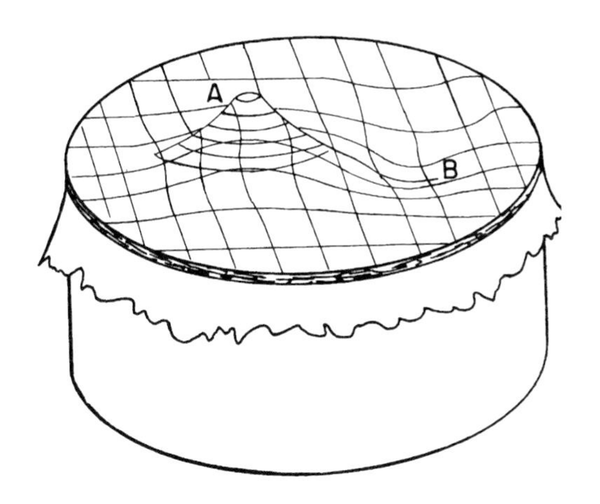

圖 12-3　一橡膠薄膜鋪在圓柱框架上而給拉緊（如一張鼓膜）。假如在此薄膜 A 處給頂起，而在 B 處被壓下，則表面的形狀為何？

由於膜被繃緊，所以膜內就會有力存在。要是我們在任一處製造出一條小裂縫，那麼裂縫的兩邊將彼此互相拉開（見圖 12-4）。可見在薄層內有**表面張力**，如同拉緊的弦線中的一維張力。對於如圖 12-4 所示的其中一條裂縫，剛好能夠把縫的兩側拉在一起的**單位長度**的力，我們將它定義爲表面張力的大小 τ。

現在讓我們來觀察膜的一個垂直截面，它將呈現爲一條曲線，如圖 12-5 所示。設 u 爲膜離開其正常位置的垂直方向位移，而 x 和 y 則分別代表水平面上的兩個座標（圖上所表示的截面平行於 x 軸）。

試考慮長度爲 Δx 、寬度爲 Δy 的一小塊表面。沿著每一邊，將有作用於該小塊表面的表面張力。圖上邊緣 1 的力將是 $\tau_1\Delta y$ ，方向與表面相切，也就是與水平線成 θ_1 角。邊緣 2 的力爲 $\tau_2\Delta y$ ，在與水平線成 θ_2 的方向上。（還有作用於小塊表面其他兩個邊緣上的相

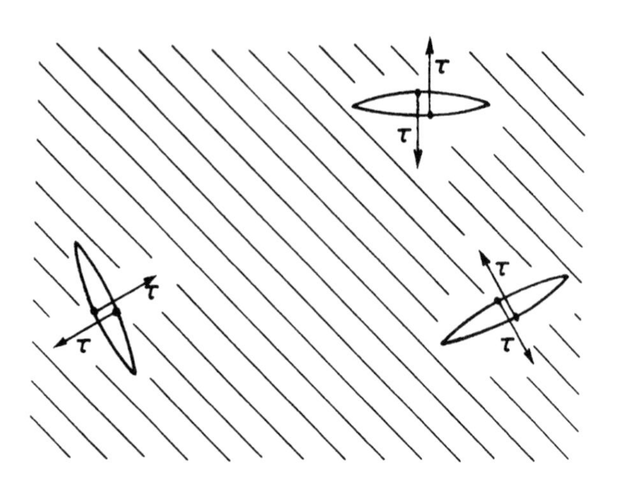

圖 12-4 一張繃緊的橡膠薄膜，其表面張力 τ 為跨越一條線的單位長度的力。

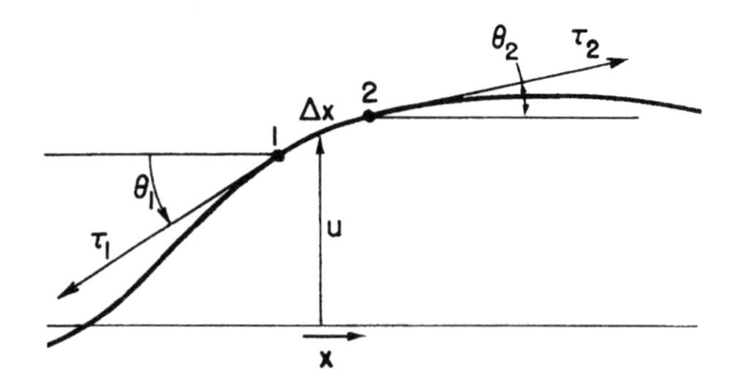

圖 12-5 撓曲的薄膜的橫截面

似的力，但我們暫時不予理會。）從 1 與 2 兩個邊緣作用於小塊表面上的**向上**淨力爲

$$\Delta F = \tau_2 \Delta y \sin \theta_2 - \tau_1 \Delta y \sin \theta_1$$

我們將只考慮膜的小畸變，也就是**小斜率**的範圍：於是我們可用 $\tan \theta$ 代替 $\sin \theta$，而 $\tan \theta$ 又可寫成 $\partial u/\partial x$。因而，力爲

$$\Delta F = \left[\tau_2 \left(\frac{\partial u}{\partial x}\right)_2 - \tau_1 \left(\frac{\partial u}{\partial x}\right)_1\right] \Delta y$$

方括號內的量，同樣可以寫成（對於小 Δx 而言）

$$\frac{\partial}{\partial x}\left(\tau \frac{\partial u}{\partial x}\right) \Delta x$$

於是

$$\Delta F = \frac{\partial}{\partial x}\left(\tau \frac{\partial u}{\partial x}\right) \Delta x \, \Delta y$$

作用於其他兩個邊緣上的力，對 ΔF 也將有貢獻，所以總力顯然是

$$\Delta F = \left[\frac{\partial}{\partial x}\left(\tau \frac{\partial u}{\partial x}\right) + \frac{\partial}{\partial y}\left(\tau \frac{\partial u}{\partial y}\right)\right] \Delta x \, \Delta y \tag{12.16}$$

該鼓膜之撓曲是由外力引起的。讓我們設 f 爲**由外力**引起的膜上**單位面積**的向上力（一種「壓力」）。當膜處於平衡狀態（**靜止**狀態）時，這力必須被剛才算出的內力，即 (12.16) 式平衡掉。也就是說

$$f = -\frac{\Delta F}{\Delta x \, \Delta y}$$

於是，(12.16) 式便可以寫成

$$f = -\nabla \cdot (\tau \nabla u) \tag{12.17}$$

其中，∇ 目前所指的，當然是二維的梯度算符（$\partial/\partial x$、$\partial/\partial y$）。於是我們有一個將 $u(x, y)$ 和施力 $f(x, y)$ 以及表面張力 $\tau(x, y)$ 聯繫起來的微分方程式，一般說來，膜中的 τ 是可以逐點改變的。（三維彈性體的畸變也是由一組類似的方程式所支配，但我們將專注於二維的情況。）我們將只關心表面張力 τ 在整張膜中均為常數的這一種狀況。於是，我們可以將 (12.17) 式寫成 $\phi\tau\rho\epsilon$

$$\nabla^2 u = -\frac{f}{\tau} \tag{12.18}$$

我們又有了另一個與靜電學相同的方程式！只是這回受限在二維上。位移 u 對應於 ϕ，而 f/τ 對應於 ρ/ϵ_0。所以，無論是對於無限大的帶電平板、或兩條平行的長導線、或帶電的圓柱導體，我們所做過的一切計算均可直接應用到一張繃緊的薄膜上。

假設我們在膜的某些點上，將膜推到一定**高度**——也就是說，在某些點上將 u 值固定下來。這就是在電學情況下，在各對應地方有特定**位勢**的一種類比。因此，比如我們可以用一個與圓柱導體對應的截面形狀的物體把膜推上去，因而形成一個正的「位勢」。例如，若我們用一根圓棒把膜推上去，則表面便將具有如圖 12-6 所示的形狀。高度 u 與一帶電圓棒的靜電位 ϕ 相同，它會以 $\ln(1/r)$ 的關係下降（其**斜率**將以 $1/r$ 下降，對應於電場 E）。

繃緊的橡膠薄膜往往用來做為一種從實驗上解決複雜**電學**問題的途徑。在這裡，類比關係是倒過來用了！各種不同的棒子和杆

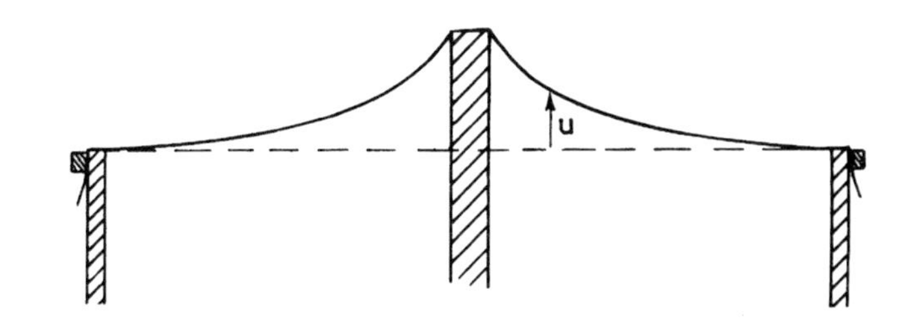

圖 12-6　一張繃緊的橡膠薄層，用一根圓棒推上去時的橫截面。函數 $u(x, y)$ 與在一條很長的帶電棒附近的電位 $\phi(x, y)$ 相同。

子，用來把薄膜推至對應於一組電極位勢的高度。這種類比關係甚至推展得更遠。假若將一些小球放在膜上面，那麼小球的運動會近似的對應於電子在相應電場中的運動。人們能夠實際**觀看**到「電子」在軌道上運動。這個方法曾用來設計許多光電倍增管的複雜幾何圖形（這些光電倍增管包括用在閃爍計數器上，以及用於控制凱迪拉克汽車的頭燈光束等等）。目前仍採用這個方法，但其準確度卻是有限的。對於更精密的工作來說，更好的方式是借助數值方法，利用大型電子計算機把場求出來。

12-4　中子擴散；均勻介質中的均向球形源

我們舉另一個會產生同類方程式的例子，這回與擴散有關。在第 I 卷第 43 章中，我們曾經考慮過離子在純氣體中的擴散，以及一種氣體在另一種氣體中的擴散。這一次讓我們舉一個不同的例子——中子在像石墨那樣的材料中的擴散。我們之所以提到石墨（純由碳組成的一種形式），是因爲碳並不會吸收慢中子。在碳中，中子能夠自由到處遊蕩。一般而言，中子在被原子核散射而轉向之前，能夠沿直線行進幾公分。所以，如果我們有一大塊石墨——每邊有幾公尺長，那麼最初在某處的中子就會擴散至其他地方。我們想要找出一種描述，來說明中子的平均行爲，也就是它們的**平均流**（average flow）。

設 $N(x, y, z)\,\Delta V$ 代表點 (x, y, z) 處體積元素 ΔV 內的中子數。由於運動，有些中子將離開 ΔV，而另外一些中子則將進入。若在一個區域裡，有比鄰近區域更多的中子，則從第一區進入第二區的中子，比起返回的中子將會多一些；於是會有一個淨流。按照第 I 卷第 43 章中的討論，我們用一個流向量 $\boldsymbol{J}$ 來描述該流動。它的 x 分量 J_x 就是單位時間內，通過垂直於 x 方向的單位面積的**淨**中子數。我們曾經求得

$$J_x = -D\frac{\partial N}{\partial x} \tag{12.19}$$

式中的擴散係數 D，由平均速度 v 和在連續兩次散射間的平均自由徑 l 來表示的關係式爲

$$D = \frac{1}{3}lv$$

因而，$\boldsymbol{J}$ 的向量方程式便是

$$\boldsymbol{J} = -D\,\boldsymbol{\nabla} N \tag{12.20}$$

中子流經任一個曲面元素 da 的變化率爲 $\boldsymbol{J}\cdot\boldsymbol{n}\,da$（$\boldsymbol{n}$ 照例指單位法向量）。於是，**從任一體積元素流**出的淨流（根據通常的高斯理論）爲 $\boldsymbol{\nabla}\cdot\boldsymbol{J}\,dV$。這一流動將導致在 ΔV 內的中子數目隨時間而減少，除非 ΔV 內正有中子產生出來（經由某種核過程）。若在該體積內，存在可以在單位體積、單位時間內產生出 S 個中子的源，則

流出 ΔV 的淨流，將等於 $(S-\partial N/\partial t)\,\Delta V$ 。於是我們有

$$\nabla \cdot \boldsymbol{J} = S - \frac{\partial N}{\partial t} \tag{12.21}$$

合併 (12.21) 和 (12.20) 兩式，我們得到**中子擴散方程**（neutron diffusion equation）

$$\nabla \cdot (-D\,\nabla N) = S - \frac{\partial N}{\partial t} \tag{12.22}$$

在穩定擴散的情況下，即其中 $\partial N/\partial t = 0$ ，我們再度得到 (12.4) 式！我們可以利用靜電學的知識，來解決中子擴散問題，因此就讓我們來解一個問題。（你們可能會奇怪：假若我們已經在靜電學中解答了一切問題的話，**為何**還要再來解一個問題？原因是這回我們能夠**較快**求得解答，因爲靜電學的問題**已經**解決了！）

假設我們有一大塊材料，裡面的中子，比如說是通過鈾分裂，正在從半徑爲 a 的球形區域，朝各方向均勻的產生出來（圖 12-7）。我們想要知道：各處的中子密度是多少？在產生中子的區域裡，中子的密度究竟有多麼均勻？在源的中心處的中子密度，與在源區表面上的中子密度的比率是多少？要找出這些答案，挺容易的。這裡，源密度 S_0 代替了電荷密度 ρ ，因而我們的問題與具有均勻電荷密度的球體問題相似。求 N ，正如同求電位 ϕ 。以前我們曾計算出一個均勻帶電球體的內場與外場，對這些場積分就可以得到電位。在球外，電位爲 $Q/4\pi\epsilon_0 r$ ，而總電荷是由 $4\pi a^3\rho/3$ 給出。因此

$$\phi_{外} = \frac{\rho a^3}{3\epsilon_0 r} \tag{12.23}$$

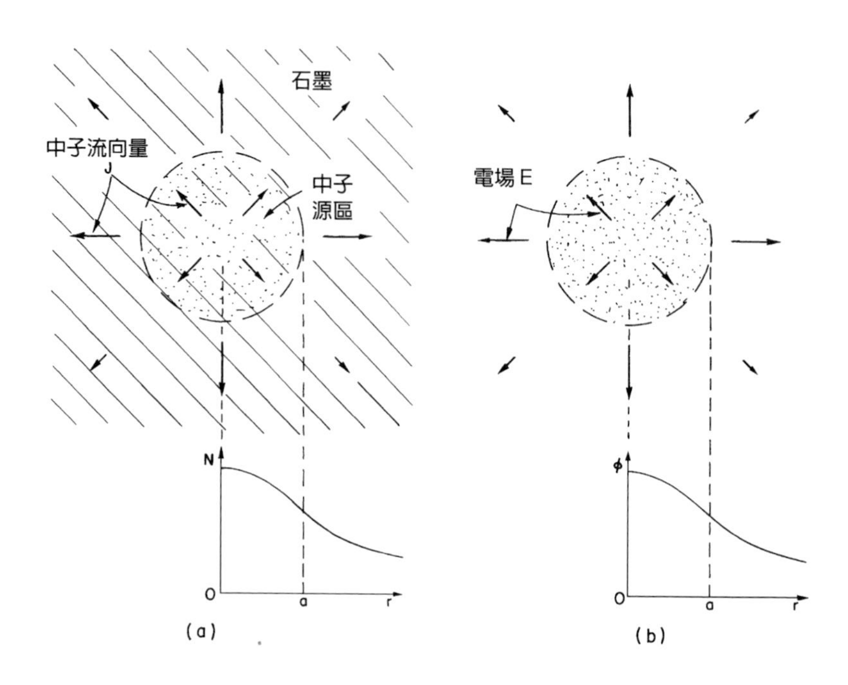

圖 12-7 (a) 在一大塊石墨中，中子從一個半徑為 a 的球體均勻產生出來，並向外擴散。我們可以發現，中子密度 N 為離源心距離 r 的函數。(b) 類似的靜電情況：一個均勻帶電球體，其中 N 對應於 ϕ，而 $\boldsymbol{J}$ 對應於 $\boldsymbol{E}$。

對於球內各點，那裡的電場僅僅來自半徑爲 r 的球體內的電荷 $Q(r)$，即 $Q(r) = 4\pi a^3\rho/3$，因而

$$\boldsymbol{E} = \frac{\rho r}{3\epsilon_0} \tag{12.24}$$

這個場隨著 r，以線性關係遞增。對 E 積分，便得到 ϕ，因而我們有

$$\phi_{\text{內}} = -\frac{\rho r^2}{6\epsilon_0} + \text{常數}$$

在半徑 a 處，$\phi_{\text{外}}$ 與 $\phi_{\text{內}}$ 必定相等，因而那個常數應當是 $\rho a^2/2\epsilon_0$。（我們假定離源很遠的地方，ϕ 等於零，這就相當於那裡的中子數 N 為零。）因此，

$$\phi_{\text{內}} = \frac{\rho}{3\epsilon_0}\left(\frac{3a^2}{2} - \frac{r^2}{2}\right) \tag{12.25}$$

我們立即就知道另一個問題裡的中子密度。答案是

$$N_{\text{外}} = \frac{Sa^3}{3Dr} \tag{12.26}$$

和

$$N_{\text{外}} = \frac{S}{3D}\left(\frac{3a^2}{2} - \frac{r^2}{2}\right) \tag{12.27}$$

N 做為 r 的函數，如圖 12-7 所示。

那麼，源心與邊緣的密度之比，又是多少呢？在源心處（$r = 0$），密度與 $3a^2/2$ 成正比；在邊緣處（$r = a$），密度與 $2a^2/2$ 成正比；因而兩者的密度比為 3/2 。一個均勻源並不會產生均勻的中子密度。你看！靜電學的知識，為我們提供了核反應器物理學的良好開端。

有許多物理情況，其中擴散起著重要作用。例如，離子在液體中的運動，或電子在半導體中的運動，都遵循相同的方程式。我們一次又一次的找到同樣的方程式。

12-5 無旋流體的流動；從球旁經過的流動

現在讓我們考慮一個並非十分完美的例子，因為我們將用到的方程式沒有真正普遍的代表該主題，而只是代表一種人為的理想情況。我們舉的是**水流**問題。對於繃緊的薄膜，我們的方程式乃是一種近似，只對**小的撓曲程度**才正確。在有關水流的討論中，我們將不做這種近似，但我們必須做出一些完全無法應用到實際水流上的限制條件。

我們將只處理一種**不可壓縮的、無黏滯性的、無環流的**液體的穩定流動。然後，我們就把速度 $\boldsymbol{v}(\boldsymbol{r})$ 做為位置 $\boldsymbol{r}$ 的函數來表達流動。若流動是穩定的（唯一具有靜電學類比的一種情況），則 $\boldsymbol{v}$ 與時間無關。倘若用 ρ 代表流體的密度，則 $\rho\boldsymbol{v}$ 便是單位時間內通過單位面積的質量。根據物質守恆，$\rho\boldsymbol{v}$ 的散度一般將是單位體積內材料質量的時間變化率。我們將假定，並沒有任何不斷創造或消滅物質的過程。於是物質守恆就要求 $\nabla\cdot\rho\boldsymbol{v}=0$（一般說來，這應當等於 $-\partial\rho/\partial t$；但由於我們的流體是不可壓縮的，ρ 便不可能發生變化）。由於每一處的 ρ 都相同，故可將其分離出來，因而上述方程式就不過是

$$\nabla\cdot\boldsymbol{v}=0$$

好！我們又回到靜電學上來了（可是不存在任何電荷）；上式恰好就像 $\nabla\cdot\boldsymbol{E}=0$。然而，情況並非這般簡單！靜電學**不**僅僅是 $\nabla\cdot\boldsymbol{E}=0$，而是包含**一對**方程式。單單一個方程式，不能告訴我們足夠多的東西，我們還需要另一個方程式。為了同靜電學協調一致，$\boldsymbol{v}$ 的**旋度**還必須為零。但是對於實際的液體來說，這並非普遍

正確，大多數液體往往會產生一些環流。所以我們就給限制在沒有液體環流的情況。這樣的流動常稱為**無旋流**。不管怎樣，若我們做出了所有這些假定，便可以**想像**出類比於靜電學的一種液體流動情況。因而我們採取

$$\nabla \cdot \boldsymbol{v} = 0 \tag{12.28}$$

和

$$\nabla \times \boldsymbol{v} = 0 \tag{12.29}$$

我們要強調，遵循這些方程式的液體流動，只是一些特殊而稀有的情況。在這些情況中，表面張力、壓縮性和黏滯性都必須可以忽略，而且我們又可以假定該流動是無旋流的那些情況。真實的水很難符合這些條件，因此數學家馮諾伊曼（John von Neumann, 1903-1957）說過，凡是分析 (12.28) 和 (12.29) 式的人，是在研究「乾水」（dry water）！（我們將在第 40 章和第 41 章中，對流體流動的問題進行更詳細的討論。）

由於 $\nabla \times \boldsymbol{v} = 0$，因此「乾水」的速度就可以寫成某種位勢的梯度

$$\boldsymbol{v} = -\nabla\psi \tag{12.30}$$

ψ 這個量的物理意義是什麼呢？它並沒有十分有用的意義。速度可以寫成位勢的梯度，只是因為該流動是無旋的。而類比於靜電學，ψ 稱為**速度位勢**（velocity potential）；但與 ϕ 不同，它與位能毫無關係。由於 $\boldsymbol{v}$ 的散度為零，我們有

$$\nabla \cdot (\nabla\psi) = \nabla^2\psi = 0 \tag{12.31}$$

和在自由空間（$\rho = 0$）裡的靜電位一樣，速度位勢 ψ 也服從同樣的微分方程。

讓我們舉一個無旋流的例子，並看看能否藉由我們學過的方法來解決它。考慮一顆球在液體中下落的問題。若球落得太慢，則我們所忽略的黏滯力將變得十分重要。若球降落得太快，則會有一些小漩渦（擾流）出現在其尾流，而讓水裡出現一些環流。但若球運動得既不太快又不太慢，則水流將大體上符合我們的那些假設，這樣我們才能用那些簡單的方程式來描述水的運動。

在**固定於球體**的參考系中來描述所發生的事情，會很方便。在這個參考系中，我們提出這樣一個問題：若在離球很遠的地方，水均勻的流動，當水流經靜止球體時，運動的情況將如何呢？也就是說，在離球很遠的地方，各處的流動都相同。球體附近的流動，則將如圖 12-8 中的那些流線。這些流線，始終平行於 $\boldsymbol{v}$，可與電場線

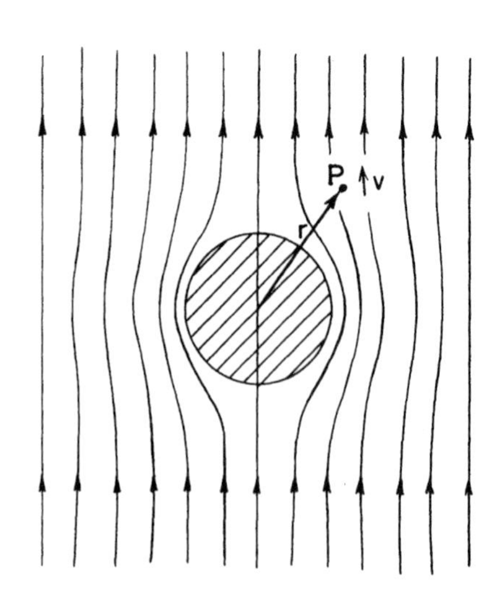

圖 12-8　從球旁流過的無旋流體的速度場

相對應。我們希望得到這一速度場的定量描述，即在任一點 P 處的速度表示式。

我們可從 ψ 的梯度求得速度，因而首先要算出位勢來。我們需要各處都滿足 (12.31) 式的那一種位勢，而這個位勢也應滿足兩個限制條件：(1) 球內區域不存在流動；(2) 在距離很遠處，流動是恆定不變的。爲了滿足條件 (1)， $\boldsymbol{v}$ 垂直於球面的分量，必須等於零。這意味著，在 $r = a$ 處，$\partial\psi/\partial r$ 爲零。爲了滿足條件 (2)，則在 $r >> a$ 的所有點上，我們必須有 $\partial\psi/\partial z = v_0$。嚴格說來，並沒有一種靜電情況，可以完全對應於我們的問題。實際上這個問題對應於把一個介電常數爲**零**的球放置在均勻電場中的情況。要是我們已求出一個介電常數爲 κ 的球體放在一均勻場中這個問題的解，那麼代入 $\kappa = 0$，我們便可立即得到這個問題的解。

我們實際上並未詳細計算過這個特殊的靜電學問題，那現在就讓我們來做計算。（我們本來也可以直接用 $\boldsymbol{v}$ 和 ψ 來解決流體問題的，但我們仍將採用 $\boldsymbol{E}$ 和 ϕ，因爲那是我們熟悉的。）

問題是：求出 $\nabla^2\phi = 0$ 的一個解，使得當 r 很大時，$\boldsymbol{E} = -\nabla\phi$ 爲一常數，比方說 $\boldsymbol{E}_0$；而且又使得在 $r = a$ 處， $\boldsymbol{E}$ 的徑向分量爲零，即

$$\left.\frac{\partial\phi}{\partial r}\right|_{r=a} = 0 \tag{12.32}$$

我們的問題涉及一種新的邊界條件，這裡並不要求表面上的 ϕ 爲常數，而是要求 $\partial\phi/\partial r$ 爲常數。這樣一來，情況就有些不同了，我們不容易立即得到答案。首先，當球不存在時，ϕ 應當是 $-E_0 z$。於是 $\boldsymbol{E}$ 就應沿 z 軸方向，並且處處都具有一個大小不變的 E_0。原來我們曾經分析過內部具有均勻極化的介電質球的情況，而且我們發

現，在這樣一個極化球內部的場，乃是均勻場，而在外部的場則與位於球心的點偶極的場相同。因而我們猜測，我們希望得到的解，爲一個均勻場和一個偶極場的疊加。因偶極的電位（第 6 章）爲 $pz/4\pi\epsilon_0 r^3$，於是我們假定

$$\phi = -E_0 z + \frac{pz}{4\pi\epsilon_0 r^3} \tag{12.33}$$

由於偶極場隨 $1/r^3$ 遞減，所以在遠距離處，我們正好擁有場 E_0。我們的猜測自動滿足了上面的條件 (2)。但我們要替偶極強度 p 取何值呢？爲求得這個值，我們可利用關於 ϕ 的另一條件，即 (12.32) 式。我們必須將 ϕ 對 r 微分，但這當然要求在一固定的角度 θ 上進行，因而若我們首先用 r 和 θ，而不是用 z 和 r 來表達 ϕ，將更方便。由於 $z = r\cos\theta$，我們得到

$$\phi = -E_0 r\cos\theta + \frac{p\cos\theta}{4\pi\epsilon_0 r^2} \tag{12.34}$$

$\boldsymbol{E}$ 的徑向分量爲

$$-\frac{\partial\phi}{\partial r} = +E_0\cos\theta + \frac{p\cos\theta}{2\pi\epsilon_0 r^3} \tag{12.35}$$

在 $r = a$ 處，上式的所有 θ 都必須爲零。若取

$$p = -2\pi\epsilon_0 a^3 E_0 \tag{12.36}$$

那就確實如此。

要小心注意！倘若 (12.35) 式中的兩項並非都具有相同的 θ 依賴關係，則不可能選得 p，而使 (12.35) 式在 $r = a$ 處的一切角度都變

爲零。這個問題可算出結果，此一事實意味著，我們在寫出 (12.33) 式時，做了明智的猜測。當然，在做出猜測時，我們是向前看的；我們知道需要另一項，它將會：(a) 滿足 $\nabla^2\phi = 0$（任何眞實的場，都該如此），(b) 與 $\cos\theta$ 相關，(c) 並在大的 r 處降至零。偶極場是唯一能滿足這三個條件的場。

利用 (12.36) 式，我們的電位就是

$$\phi = -E_0 \cos\theta\left(r + \frac{a^3}{2r^2}\right) \tag{12.37}$$

流體流動問題的解，可以簡單寫成

$$\psi = -v_0 \cos\theta\left(r + \frac{a^3}{2r^2}\right) \tag{12.38}$$

從這個位勢可直接求得 $\boldsymbol{v}$。對於此事，我們就不進一步追究下去了。

12-6 照度；對平面的均勻照明

在這一節中，我們將轉到一個完全不同的物理問題上去——我們想要顯示各種不同的可能性。這次，我們將做某件事，它所導致的**積分**與我們在靜電學中所求得的積分類型相同。（假如我們有一個數學問題會產生某種積分，倘若它就是我們以前解其他問題時所得到的同一類積分，那麼我們對於這個積分的性質便會有一些瞭解。）我們從照明工程中選一個例子。假設有一光源位於一平面上方距離爲 a 處，該平面上的照明情況爲何呢？也就是說，單位時間到達單位表面積上的輻射能量有多少呢？（見圖 12-9）

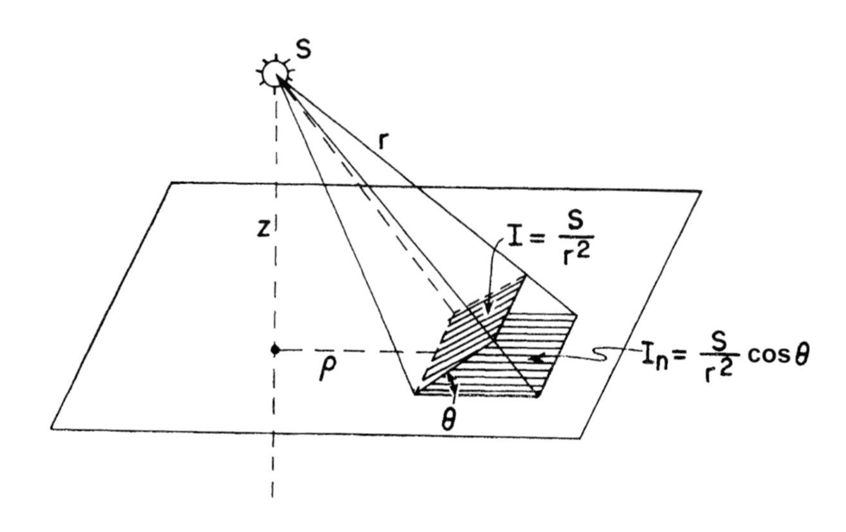

圖 12-9　一表面上的照度 I_n，代表單位時間裡到達單位面積上的輻射能。

我們假定光源是球對稱的，光線從所有方向平均的輻射出來。於是，通過**垂直於**光流的單位面積的輻射能與距離平方成反比。顯然，在垂直於光流的表面上，光的強度與點電荷源產生的電場具有相同的公式。若光線與表面的法線成一角度 θ 投射到表面上，那麼 I_n，即到達**單位面積**上的能量，就只有 $\cos\theta$ 那麼大了，因爲同樣的能量落在了 $1/\cos\theta$ 倍大的面積上。若我們稱光源的強度爲 S，則在表面上的照度 I_n 便是

$$I_n = \frac{S}{r^2}\,\boldsymbol{e}_r \cdot \boldsymbol{n} \tag{12.39}$$

式中，$\boldsymbol{e}_r$ 是從光源向外的單位向量，而 $\boldsymbol{n}$ 是面積的單位法向量。照度 I_n 相當於從強度爲 $4\pi\epsilon_0 S$ 的點電荷所產生之電場的法向分量。明白了這一點，我們便可看到，對於任一種光源分布，我們都能夠藉

由解相對應的靜電學問題，而得出答案。在計算一電荷分布所產生的電場在平面上的垂直分量時，我們就是按照這種求光源[*] 對一平面的照度的方法來做的。

試考慮下述例子。爲了某種特定的實驗條件，我們希望桌面上有非常均勻的照明。這裡可資利用的是一些長日光燈管，光線會從整個燈管均勻輻射出來。我們可以在距桌面爲 z 處的天花板上，安置一整排等距的日光燈管照射桌子。假若我們要求桌面的照度均勻，比方說其變化在 1/1000 之內，則燈管與燈管之間的最大間距 b 應該是多少？**答案**：(1) 求相隔爲 b 的均勻帶電導線柵的電場；(2) 計算電場的垂直分量；(3) 找出 b 應該多大，才能使場的變化不超過 1/1000。

在第 7 章中我們曾見過，帶電導線柵的電場可表示成許多項之和，其中每一項都產生一個週期爲 b/n 、按正弦函數形式變化的場，這裡的 n 是整數。任何一項的幅度，都由 (7.44) 式給出：

$$F_n = A_n e^{-2\pi nz/b}$$

若要求的是不太靠近那導線柵處的場，則我們只需考慮 $n = 1$ 的情況。對於一個完整的解來說，我們仍然需要決定整套的係數 A_n，而我們還未曾這樣做過（儘管那只是一些直截了當的計算）。既然只需要 A_1，我們可以估計出它的大小約略與平均場相同。於是，

[*] 原注：由於我們在此談的是**非同調**光源，它們的**強度**總是線性相加的，因此類比的電荷將總是帶有相同的正負號。而且，我們的類比僅適用於到達不透明表面上的光能，所以在我們的積分中，只需計算照射於表面上的光源（自然不包括位於表面底下的其他光源！）

指數因子就會直接提供我們關於場強度變化的**相對**幅度。假若我們希望這個因子等於 10^{-3}，則將得出 b 應爲 $0.91z$。若令日光燈管之間的間距等於桌面至天花板距離的 3/4，則指數因子爲 1/4000，而我們便有一安全係數 4，我們相當肯定會使照明在 1/1000 的範圍內保持恆定不變。（準確的計算表明，A_1 實際上是平均場的 2 倍，因而精確的答案是 $b = 0.8z$。）對於這麼均勻的照明，所容許的燈管間距竟會如此之大，多少有點令人驚奇。

12-7 自然界的「基本統一性」

在這一章中，我們希望證明，在學習靜電學的過程中，你們已同時學習了怎樣去處理物理學中的其他許多主題，而正是由於這一點，我們才有可能在有限的歲月裡，學習幾乎全部的物理學。

可是，當這樣的討論結束時，肯定會浮現出一個問題：**為什麼從不同現象所得到的微分方程，竟會如此相似呢**？我們也許會說：「那是自然界的基本統一性。」但這到底是指什麼呢？這樣的敘述**本來能夠**有什麼意義呢？這可能只是意謂，不同的現象有著相似的方程組，當然，這樣說等於沒有解釋。「基本統一性」也許指的是，每一樣東西都由同樣的材料構成，因而便應服從相同的方程式。這聽起來像是不錯的解釋，但且讓我們思考一下。靜電位、中子擴散、熱流——我們是否確實在處理同類的東西？我們能否眞的想像出，靜電位**在物理上**等同於溫度，或等同於粒子密度呢？肯定的是，ϕ 不會與粒子的熱能**完全相同**，鼓膜的位移肯定**不**像溫度。既然如此，爲何還會有「基本統一性」呢？

事實上，更進一步看看各種不同主題的物理，就會證實，那些方程式並非眞的全然相同。我們找到的中子擴散方程式只是一種近似，當我們觀察的距離比平均自由徑大時，這種近似才有效。要是我們更仔細的觀察，便會看到各個中子正在四處跑來跑去。個別中子的運動，肯定跟我們從微分方程解出的那種連續的平滑變化完全不同。這個微分方程只是一種近似，因爲我們曾假定，中子在**空間**是連續分布的。

這有可能就是關鍵所在嗎？一切現象所共通的地方，是否就是**空間**？空間即是藉以建立物理學的一種構架。只要東西在空間裡相當平滑，那麼所牽涉到的重要事情就是某些量相對於空間中位置的變化率。這就是爲什麼我們總是得到含有梯度的方程式。導數**必定**以梯度或散度的形式出現，由於物理定律**與方向無關**，所以必然可表成向量的形式。靜電學方程組是人們所能得到的最簡單的向量方程組，只牽涉到各個量的空間導數。其他的**簡單**問題，或者說是複雜問題的簡化，看起來都應當像靜電學那樣。所有問題的共同點是：它們全都涉及**空間**，以及我們總是用簡單的微分方程來**模擬**實際的複雜現象。

由此將我們引導至另一個有趣的問題。同樣的講法，對**靜電學**方程組來說，可能也是對的嗎？這些方程式是否也只有在做爲實際上複雜得多的微觀世界的平滑化模擬時，才是正確的呢？眞實世界是否可能由一些只在**極**微小距離上才可看見的X粒子所組成的呢？而在測量過程中，我們總是在那麼大的尺度上進行觀察，以致無法見到這些微小X粒子，這才是我們所以會得到那些微分方程式的根由嗎？

我們現今最完整的電動力學理論，的確會在非常小的距離上碰到困難。因此原則上，這些方程式可能是某些事情的平滑化版本。這些方程式在小至約 10^{-14} 公分的距離上，仍顯得正確，但此後就開始顯得不對了。可能有某種迄今還未發現的內部「機制」存在，而這種內部複雜性的一些細節，給看起來很平滑的那些方程式所掩蓋了——正如中子的「平滑」擴散現象中那樣。但是，還沒有人成功建立起以那種方式運作的理論。

相當奇怪的是，事實顯示（基於我們完全不清楚的理由）：相對論和量子力學按照我們所知的方式結合起來後，似乎**不允許**人們發明出基本上不同於 (12.4) 式，而又不會引起某種矛盾的方程式。這不僅僅是與實驗不符合，而且還是一種**內部矛盾**。比方說，所有可能會發生的情況的機率之和不等於 1 ，或者能量有時可能會變成複數的預測，或其他類似的荒謬設想。還沒有人能夠創立一種電學理論，使得其中的 $\nabla^2\phi = -\rho/\epsilon_0$ 給理解成對深層機制的一種平滑化近似，而又不會導致到某一種謬論上去。然而，我們還必須補充說明：若 $\nabla^2\phi = -\rho/\epsilon_0$ 在不論多麼小的距離上都成立，這個假設是正確的話，則會導致本身的謬論（一個電子的電能為無限大）出現，迄今，還沒有人知道如何擺脫這些謬論。

第13章 靜磁學

13-1 磁場

作用在一電荷上的力，不僅取決於電荷的位置，還與電荷運動的快慢有關。空間中的每一點都由兩個向量來表徵，它們決定了作用在任一電荷上的力。首先是**電力**，它提供了與電荷運動無關的一部分力，我們用電場 $\boldsymbol{E}$ 來描述。其次，有一部分力稱爲**磁力**，它與電荷的速度有關。

這個磁力的方向有一特性：在空間任一特定點上，力的**方向**與**大小**取決於粒子的運動方向——在任一時刻，磁力總是垂直於速度向量；而且在任一特定點上，磁力總是與**空間中某一固定方向**成直角（見圖 13-1）；最後，磁力的大小與垂直於上述方向的速度**分量**成正比。所有這一切行爲，可藉由定義一個磁場向量 $\boldsymbol{B}$ 來加以描述，$\boldsymbol{B}$ 同時確定了空間中的特定方向，以及力與速度的比例常數，因而可將磁力寫成 $q\boldsymbol{v} \times \boldsymbol{B}$。

於是，作用在一個電荷上的全部電磁力可以寫成

$$\boldsymbol{F} = q(\boldsymbol{E} + \boldsymbol{v} \times \boldsymbol{B}) \tag{13.1}$$

這稱爲**勞侖茲力**（Lorentz force）。

把一根磁棒靠近陰極射線管，就可輕易的觀察到磁力。電子束的偏轉說明了，磁鐵的存在，產生了作用在電子上且垂直於其運動方向的力，就如我們在第 I 卷第 12 章所描述的那樣。

磁場 $\boldsymbol{B}$ 的單位顯然是 1 牛頓・秒／庫侖・公尺，即 1 伏特・秒／公尺^2，也稱爲 1 **韋伯／公尺**^{2}。

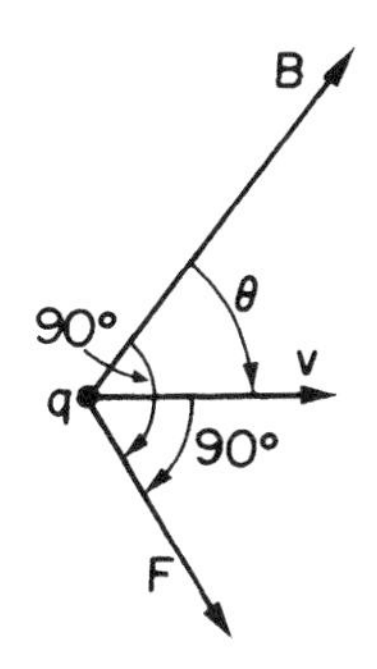

圖 13-1 作用於一運動電荷上，與運動相關的那一部分的力，與 $\boldsymbol{v}$ 及 $\boldsymbol{B}$ 的方向都成直角。它也與 $\boldsymbol{v}$ 垂直於 $\boldsymbol{B}$ 的分量（即 $v \sin \theta$）成正比。

13-2 電流；電荷守恆

我們首先思考，如何理解磁力對載流導線的作用。為此，我們先定義所謂的電流密度。電流是電子或其他電荷的淨漂移或淨流動所造成的。我們可用一個向量來表示這種電荷流動，這個向量給出每單位時間通過垂直於流向的單位表面積的電荷量（正如我們對於熱流所做的那樣），我們稱它為**電流密度**，並用向量 $\boldsymbol{j}$ 來表示。這個向量的指向就是電荷運動的方向。假如我們在材料某處取一小塊面積 ΔS，則單位時間內流經該面積的電荷量便是

$$\boldsymbol{j} \cdot \boldsymbol{n}\, \Delta S \tag{13.2}$$

式中，$\boldsymbol{n}$ 是垂直於 ΔS 的單位向量。

上述的電流密度與電荷的平均流動速度有關。假設有一電荷分布，它的平均運動是速度為 $\boldsymbol{v}$ 的漂移。當這一分布通過曲面元素 ΔS

時，在 Δt 時間內流經面積元的電荷，等於包含在一個底面積爲 ΔS 、高爲 $v\ \Delta t$ 的平行六面體內的電荷，如圖 13-2 所示。這個平行六面體的體積就是，ΔS 在垂直於 $\boldsymbol{v}$ 方向上的投影乘以 $v\ \Delta t$ ，若再乘以電荷密度 ρ ，就得到 Δq 。於是，

$$\Delta q = \rho \boldsymbol{v} \cdot \boldsymbol{n}\, \Delta S\, \Delta t$$

每單位時間通過的電荷量就是 $\rho \boldsymbol{v} \cdot \boldsymbol{n}\, \Delta S$ ，由此可得

$$\boldsymbol{j} = \rho \boldsymbol{v} \tag{13.3}$$

假如該電荷分布包含許多個別電荷，比方說電子，其中每個電荷帶有電量 q ，且以平均速度 $\boldsymbol{v}$ 運動，則電流密度爲

$$\boldsymbol{j} = Nq\boldsymbol{v} \tag{13.4}$$

式中的 N 是每單位體積內的電荷數目。

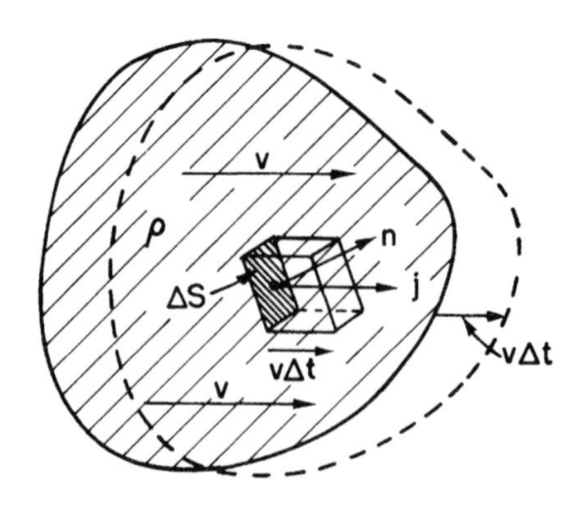

圖 13-2 若密度為 ρ 的電荷分布以速度 v 移動，則單位時間流經 ΔS 的電荷為 $\rho v \cdot \boldsymbol{n}\, \Delta S$ 。

單位時間內，通過任一表面 S 的總電荷，稱爲**電流** I。電流等於通過該面所有曲面元素的電荷流的法向分量的積分：

$$I = \int_S \boldsymbol{j} \cdot \boldsymbol{n} \, dS \tag{13.5}$$

（見圖 13-3）。

從一個閉合面 S 流出的電流 I，表示電荷從 S 所包圍的體積 V 內離開的速率。物理學的基本定律之一是：**電荷是無法毀滅的**，它從未損耗，也從未被創造出來。電荷可以從一處移到另一處，但從不會無中生有。我們說：**電荷是守恆的**。假如有一淨電流從一個閉合面流出，則其內部的電荷量必定相應的減少（圖 13-4）。因此我們可以把電荷守恆律寫成

$$\int_{\substack{\text{任一}\\\text{閉合面}}} \boldsymbol{j} \cdot \boldsymbol{n} \, dS = -\frac{d}{dt}(Q_{\text{內}}) \tag{13.6}$$

內部電荷可以寫成電荷密度的體積分：

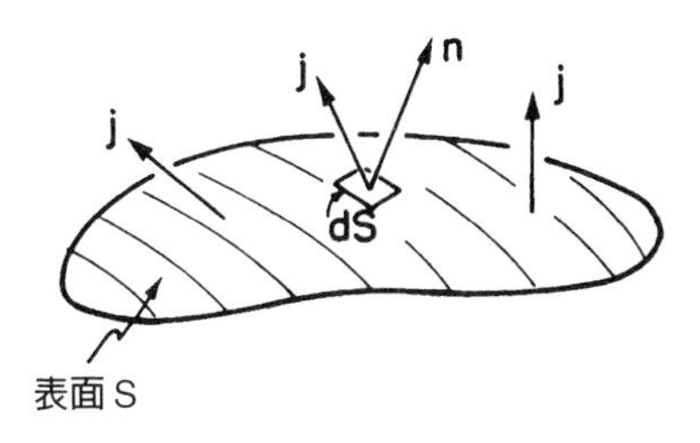

圖 13-3　流過表面 S 的電流 I 為 $\int \boldsymbol{j} \cdot \boldsymbol{n} \, dS$。

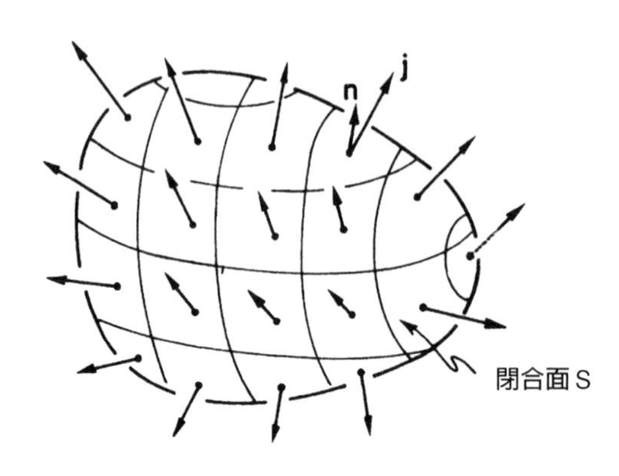

圖 13-4　$\boldsymbol{j} \cdot \boldsymbol{n}$ 對一閉合面的積分，等於內部總電荷 Q 的變化率的負值。

$$Q_{\text{內}} = \int_{\substack{\text{在}S\text{內} \\ \text{之}V}} \rho\, dV \tag{13.7}$$

倘若我們將 (13.6) 式應用到一個小體積 ΔV 上，我們知道等號左邊的積分是 $\boldsymbol{\nabla} \cdot \boldsymbol{j}\, \Delta V$。內部電荷量是 $\rho\, \Delta V$，所以電荷守恆律也可以寫成

$$\boldsymbol{\nabla} \cdot \boldsymbol{j} = -\frac{\partial \rho}{\partial t} \tag{13.8}$$

（又一次用上了高斯的數學！）

13-3 作用在電流上的磁力

我們現在就來求出磁場施加於一條載流導線上的力。電流是由沿著導線、以速度 $\boldsymbol{v}$ 運動的帶電粒子所組成的。每一電荷受到一個橫向力

$$\boldsymbol{F} = q\boldsymbol{v} \times \boldsymbol{B}$$

（圖 13-5(a)）。若每單位體積裡有 N 個這樣的電荷，則導線上一個小體積 ΔV 內的數目就是 $N\ \Delta V$。作用在 ΔV 上的總磁力 $\Delta\boldsymbol{F}$，是各電荷所受力的總和，即

$$\Delta\boldsymbol{F} = (N\Delta V)(q\boldsymbol{v} \times \boldsymbol{B})$$

但 $Nq\boldsymbol{v}$ 就是 $\boldsymbol{j}$，所以

$$\Delta\boldsymbol{F} = \boldsymbol{j} \times \boldsymbol{B}\Delta V \tag{13.9}$$

（圖 13-5(b)）。作用在每單位體積的力是 $\boldsymbol{j} \times \boldsymbol{B}$。

若電流均勻分布在一條截面積爲 A 的導線上，我們可以取底面積爲 A、高爲 ΔL 的圓柱，做爲體積元素。於是

$$\Delta\boldsymbol{F} = \boldsymbol{j} \times \boldsymbol{B}A\,\Delta L \tag{13.10}$$

我們可以稱 $\boldsymbol{j}A$ 爲導線中的向量流 $\boldsymbol{I}$。（向量流的大小是導線中電流的大小，而其方向爲沿著導線的方向。）於是

$$\Delta\boldsymbol{F} = \boldsymbol{I} \times \boldsymbol{B}\,\Delta L \tag{13.11}$$

作用在每單位長度的導線上的力是 $\boldsymbol{I} \times \boldsymbol{B}$。

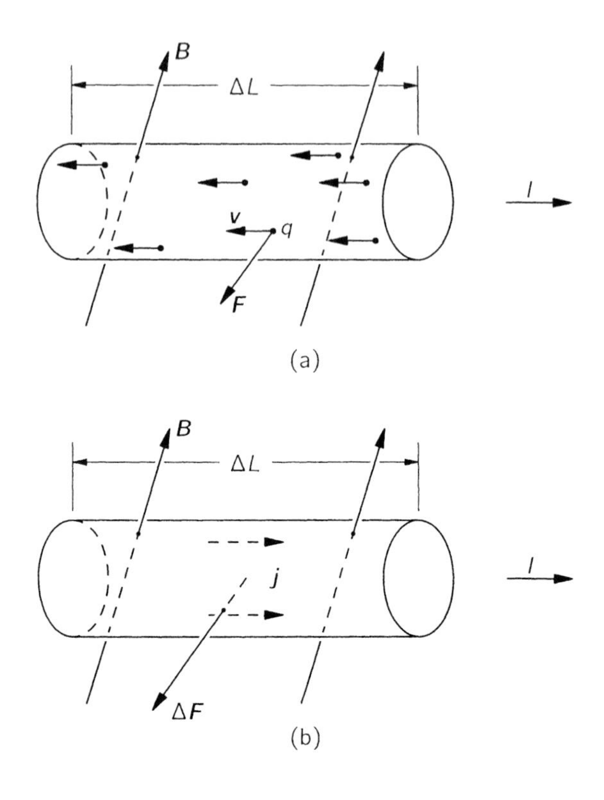

圖 13-5 作用於一載流導線上的磁力，等於各運動電荷上作用力的總和。

上式顯示了一個重要的結果：由於內部的電荷運動而作用在一條導線上的磁力，僅與總電流有關，而與每一個粒子所帶的電荷量無關——甚至和電荷的正負無關！在一磁鐵附近、作用在導線上的力，可在接通電流時，觀察到導線的偏轉，而容易發現這個力，正如我們已在第 1 章中所敘述的那樣（見圖 1-6）。

13-4 穩定電流的磁場；安培定律

我們已經看到，在比方說由磁鐵產生的磁場中，就有作用在導線上的力。從作用等於反作用這一原理，我們可能預期，當導線中有電流通過時，應該會有一個力作用於磁場源，也就是磁鐵上。*確實有這種力存在，這一點可由載流導線附近磁針的偏轉而看出來。我們知道，磁鐵會感受到來自其他磁鐵的力，因而這意味著，當導線中載有電流時，導線本身會產生磁場。於是可以說，運動電荷**確實會產生**磁場。

我們現在就試著找出決定這種磁場如何產生的定律。問題是：給定一電流，它能形成何種磁場？這個問題的答案，是安培（André-Marie Ampère, 1775-1836）用三個決定性實驗和一個輝煌的理論論證而予以確定的。我們將略去這段有趣的歷史發展，而只簡單的說：大量實驗已經證實了馬克士威方程組的有效性。我們將以這些公式做爲起點。假如我們丟掉這些方程式中含有時間微分的那些項，則可得到**靜磁學**的方程組：

$$\nabla \cdot \boldsymbol{B} = 0 \tag{13.12}$$

和

$$c^2 \nabla \times \boldsymbol{B} = \frac{\boldsymbol{j}}{\epsilon_0} \tag{13.13}$$

*原注：然而，我們在下文將看到，這個假設對於電磁力來說，一般是**不**正確的。

這些方程式只在下述情形才成立：所有電荷密度都是常數，且所有電流都是穩定的，因而電場與磁場均不隨時間改變——所有的場都是「靜態的」。

我們應該指出：把靜磁情形當作確有其事，相當危險，因為畢竟總得有電流，才能得到磁場——而電流只能來自運動中的電荷。因此，「靜磁學」只是一種近似。它指的是，擁有**大量**運動電荷，而且我們可將其近似成電荷的**穩定**流動這種特殊的動力情況。只有這樣，我們才能談論不隨時間改變的電流密度 $\boldsymbol{j}$。這個主題應當稱為「穩定電流的研究」，才更正確。

假定所有的場都是穩定的，我們從完整的馬克士威方程組 (2.41) 丟掉一切含有 $\partial \boldsymbol{E}/\partial t$ 和 $\partial \boldsymbol{B}/\partial t$ 的項，便可得到上列的 (13.12) 和 (13.13) 兩式。請同時注意：因為任何向量之旋度的散度必定為零，(13.13) 式要求 $\boldsymbol{\nabla}\cdot\boldsymbol{j}=0$。根據 (13.8) 式，這只有在 $\partial\rho/\partial t$ 為零時才正確。但假如 $\boldsymbol{E}$ 不隨時間改變，這便是必然的，所以我們的假設彼此一致。

$\boldsymbol{\nabla}\cdot\boldsymbol{j}=0$ 這個條件表示，我們的電荷只能在首尾相連的路徑中流動。例如，電荷可以在稱為電路，也就是構成完整迴路的導線中流動。當然，這種電路可以包含維持電荷流動的發電機或電池組，但不能包括充電或放電中的電容器。（當然，我們以後將把理論推廣到動態場，但目前打算先討論穩定電流這種比較簡單的情況）。

現在，讓我們看看 (13.12) 和 (13.13) 式的意義。第一個式子說明 $\boldsymbol{B}$ 的散度為零。將這個式子和靜電學中的類似方程式 $\boldsymbol{\nabla}\cdot\boldsymbol{E}=\rho/\epsilon_0$ 相比較，我們可以斷定：磁學中**不存在**和電荷相對應的東西。不存在會發出 $\boldsymbol{B}$ 線的**磁荷**。如果我們用 $\boldsymbol{B}$ 向量場的「線」來思考，這些線永無起點，亦永無終點。那麼它們從何而來？只有當電流**存在**時，磁場才會「出現」，磁場有一個與電流密度成正比的**旋度**。無論哪裡有電流，就會有構成迴路的磁力線環繞著該電流。由於 $\boldsymbol{B}$ 線無始無終，它們通常會兜回自己身上，形成閉合迴路；但也有 $\boldsymbol{B}$ 線不是簡單閉合迴路的複雜情況存在。但無論情況如何，$\boldsymbol{B}$ 線從不會自某些點發散出去。我們迄今從未發現任何磁荷，因而 $\nabla \cdot \boldsymbol{B} = 0$ 。這不僅在靜磁學成立，它**永遠**成立，即使對動態場亦然。

$\boldsymbol{B}$ 場與電流的關係，包含在 (13.13) 式中。這裡有一個新的情況，與靜電學相當不同，在後者中我們有 $\nabla \times \boldsymbol{E} = 0$ 。這個方程式表示，$\boldsymbol{E}$ 環繞任一閉合路徑的線積分為零：

$$\oint_{\text{迴路}} \boldsymbol{E} \cdot d\boldsymbol{s} = 0$$

這個結果是從斯托克斯定理得到的，該定理說：**任一個**向量場沿任一閉合路徑的線積分，等於這個向量之旋度的法向分量的面積分（對以該閉合迴路為周緣的任一表面求積分）。將這個定理應用到磁場向量上，並利用圖 13-6 上的符號，可得到：

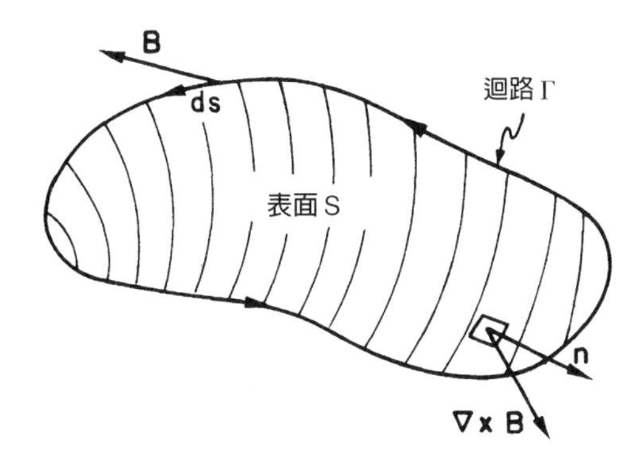

圖 13-6　$\boldsymbol{B}$ 切向分量的線積分，等於 $\nabla \times \boldsymbol{B}$ 的法向分量的面積分。

$$\oint_{\Gamma} \boldsymbol{B} \cdot d\boldsymbol{s} = \int_{S} (\nabla \times \boldsymbol{B}) \cdot \boldsymbol{n}\, dS \tag{13.14}$$

由 (13.13) 式取 $\boldsymbol{B}$ 的旋度，我們有：

$$\oint_{\Gamma} \boldsymbol{B} \cdot d\boldsymbol{s} = \frac{1}{\epsilon_0 c^2} \int_{S} \boldsymbol{j} \cdot \boldsymbol{n}\, dS \tag{13.15}$$

根據(13.5)式，對 S 的積分就是通過表面 S 的總電流 I。既然對穩定電流來說，通過表面 S 的電流與表面的形狀無關，只要表面由曲線 Γ 所包圍即可，因而人們常說「穿過 Γ 迴路的電流」。於是我們得到一個普遍的定律：$\boldsymbol{B}$ 繞行任一閉合曲線的環流，等於穿過該迴路的電流除以 $\epsilon_0 c^2$：

$$\oint_{\Gamma} \boldsymbol{B} \cdot d\boldsymbol{s} = \frac{I_{\text{穿過}\,\Gamma}}{\epsilon_0 c^2} \tag{13.16}$$

這個定律稱爲**安培定律**，它在靜磁學中的地位，就如高斯定律在靜電學中的地位。但是只用安培定律無法由電流決定 $\boldsymbol{B}$；通常還必須用到 $\nabla \cdot \boldsymbol{B} = 0$。可是，正如我們將在下一節中看到的，在具有某些簡單對稱性的特殊情形下，安培定律可用來求出磁場。

13-5 直導線與螺線管的磁場；原子電流

我們可以藉著找出一條導線附近的磁場，來說明安培定律的用途。我們想問：在一條具圓形截面的長直導線外面的磁場是怎樣的？我們將做某種假定，這可能一點也不顯而易見，但卻是眞的：$\boldsymbol{B}$ 的場線以閉合圓周環繞著導線。我們作此假設之後，安培定律，

即 (13.16) 式，便會告訴我們場有多強。由這個問題的對稱性可知，在與導線同心的一個圓上所有各點，$\boldsymbol{B}$ 的大小都相等（見圖 13-7）。於是，我們能夠很容易算出 $\boldsymbol{B} \cdot d\boldsymbol{s}$ 的線積分值，就是 $\boldsymbol{B}$ 的大小乘以圓周長。設 r 為圓的半徑，則

$$\oint \boldsymbol{B} \cdot d\boldsymbol{s} = B \cdot 2\pi r$$

穿過迴路的總電流，就是導線中的電流 I，因而

$$B \cdot 2\pi r = \frac{I}{\epsilon_0 c^2}$$

或

$$B = \frac{1}{4\pi\epsilon_0 c^2} \frac{2I}{r} \tag{13.17}$$

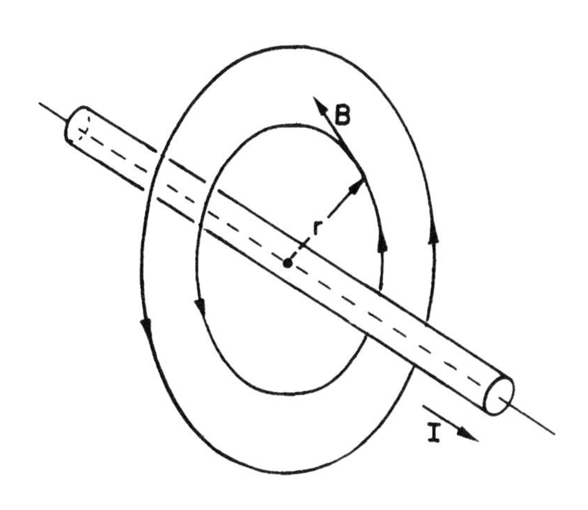

圖 13-7 載有電流 I 的一條長直導線外的磁場

磁場的強度與 r 成反比而遞減，r 是與導線軸心的距離。倘若我們願意，可將 (13.17) 式寫成向量形式。要記得 $\boldsymbol{B}$ 與 $\boldsymbol{I}$ 、$\boldsymbol{r}$ 都垂直，因而有

$$\boldsymbol{B} = \frac{1}{4\pi\epsilon_0 c^2}\frac{2\boldsymbol{I}\times\boldsymbol{e}_r}{r} \tag{13.18}$$

我們已將因子 $1/4\pi\epsilon_0 c^2$ 提了出來，因爲它經常出現。值得記住的是：這個因子（在 MKS 制中）正好等於 10^{-7}，因爲我們是用一個類似 (13.17) 式的方程式來**定義**電流的單位：安培。在距 1 安培電流 1 公尺遠處的磁場，就是 2×10^{-7} 韋伯／公尺 ^{2} 。

既然電流產生了磁場，它也將施力於附近另一條同樣載有電流的導線上。在第 1 章中，我們曾描述過作用於兩條載流導線之間的力的簡單演示。假如兩條導線互相平行，則每一導線將與另一導線所產生的磁場垂直；兩條導線將互相吸引或排斥。當兩電流同向時，兩導線互相吸引；當兩電流反向時，兩導線互相排斥。

讓我們再看另一個例子，它也可以用安培定律來分析，只要我們加進關於場的某種知識即可。假設我們將一長線圈繞成緊密螺線狀，其截面如圖 13-8 所示。這樣的線圈稱爲**螺線管**（solenoid）。從實驗上我們觀察到：當螺線管的長度遠大於它的半徑時，則管外的磁場將遠小於管內的磁場。只要利用此一事實，再加上安培定律，我們便可求出管內磁場的大小。

既然場**停留**在裡面（且散度爲零），那麼場線必然平行於管軸，如圖 13-8 所示的情形。假定這是事實，我們便可利用圖上所示的那條矩形「曲線」Γ ，來運用安培定律。這條迴路先在螺線管內沿著那裡的場，比方說 $\boldsymbol{B}_0$ ，行經一段距離 L ，然後垂直於場而行，再沿著管外回來，而那兒的場則可以忽略。對於這樣一條曲

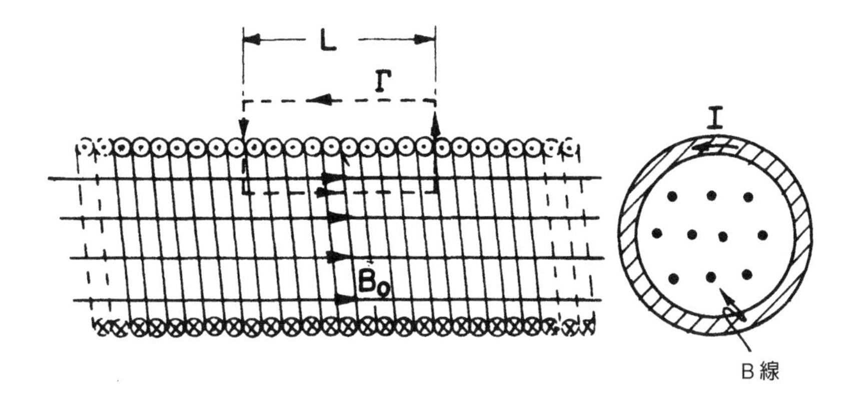

圖 13-8 長螺線管的磁場

線，$\boldsymbol{B}$ 的線積分不過是 B_0L，而這個值必須等於 $1/\epsilon_0c^2$ 乘以穿過 Γ 的總電流，假如在長度 L 內，螺線管共有 N 匝的話，總電流將是 NI。於是我們有

$$B_0L = \frac{NI}{\epsilon_0c^2}$$

或者，若令 n 爲每單位長度內螺線管的匝數（即 $n = N/L$），便得

$$B_0 = \frac{nI}{\epsilon_0c^2} \tag{13.19}$$

當到達螺線管一端時，$\boldsymbol{B}$ 線會變成怎麼樣呢？大致的情形是：它們多少有些散開，然後回到另一端再進入螺線管內，如圖 13-9 所示。這樣的場，正好就是在磁棒外面所觀察到的。但磁鐵到底是什麼東西？我們的方程式表明，$\boldsymbol{B}$ 來自電流。可是我們知道，普通的鐵棒也會產生磁場（在沒有電池組，也沒有發電機的情形下）。你

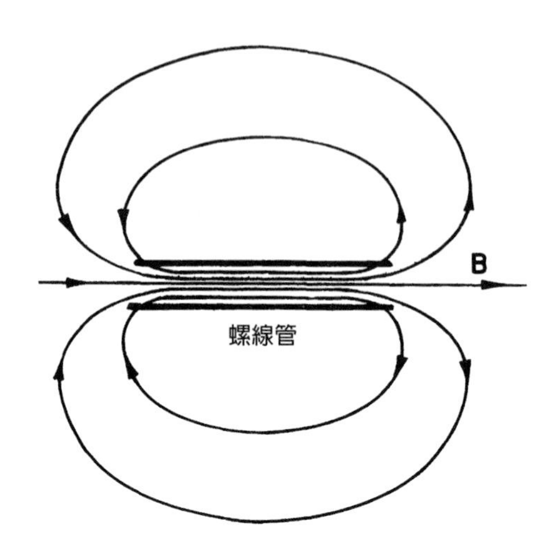

圖 13-9　在螺線管外的磁場

可能會認為在(13.12)或(13.13)式等號右邊，應該還有其他一些項來代表「磁鐵密度」或諸如此類的量。但是，這樣的項並不存在。我們的理論說：鐵的磁效應來自某些內部電流，而這些電流已包括在 $\boldsymbol{j}$ 項內。

從基本觀點上看，物質是十分複雜的——就如我們以前在試圖瞭解介電質時所碰到的情形。為了不致妨礙目前的討論，我們打算以後再來詳細處理像鐵這類磁性物質的內部機制。目前你必須接受：所有磁性都來自電流，而在永久磁體中有永久性的內部電流。對鐵來說，這些電流來自繞著本身的軸而自旋的電子。每一個電子都帶有這樣的自旋，自旋相當於小型環行電流。

當然，一個電子不會產生出多大的磁場，但在尋常的一塊物質中就有數以億萬計的電子。通常電子都在自旋，並各自指向任意方向，因而不存在淨效應。在非常少數幾種像鐵那樣的物質中，奇蹟出現了，它們的電子，有相當大一部分會以相同的軸向自旋——以鐵來說，每一個原子中就有兩個電子參加這種協同運動。在磁鐵棒中，有大量朝同一方向自旋的電子，因而正如我們將看到的，其總效應相當於環繞磁棒表面的電流。（這與我們在介電質中所發現的情況很類似——即一塊均勻極化的介電質，相當於表面上的電荷分布。）因此，一根磁棒相當於一螺線管，並非偶然。

13-6 電場與磁場的相對性

當我們說到作用在電荷上的力與速度成正比時，你也許會懷疑：「什麼速度？相對於哪一個參考座標系？」事實上，從本章開頭所給的 $\boldsymbol{B}$ 的定義，已經可清楚看出，這個向量究竟是什麼，取決於我們選取哪一個參考系來規定電荷的速度。但是，我們並未指出哪一個參考系才適合用來定出磁場。

事實證明，**任何**一個慣性參考系都可以。我們也將看到，磁和電並非彼此無關的東西——它們必須永遠結合在一起，組成**一個**完整的電磁場。雖然在靜態的情況下，馬克士威方程組可分爲兩對，一對關於電學，而另一對關於磁學，這兩種場之間並無明顯的聯繫，然而在自然界中，由於相對性原理，電場與磁場之間有非常密切的關係。從歷史上來看，相對性原理是在馬克士威方程組之後才發現的。事實上，正是對於電和磁的研究，最終導致愛因斯坦發現他的相對性原理。但是讓我們且來看看，假如相對性原理可以應用在電磁學上的話，的確是可以，相對性可以告訴我們哪些磁力的知識。

假定我們考慮一個負電荷以速度 v_0 平行於一條載流導線而運動時，如圖 13-10 所示，將會發生什麼情況。我們試著瞭解在以下兩個參考系中發生的事情：一個參考系相對於導線是固定的，如圖

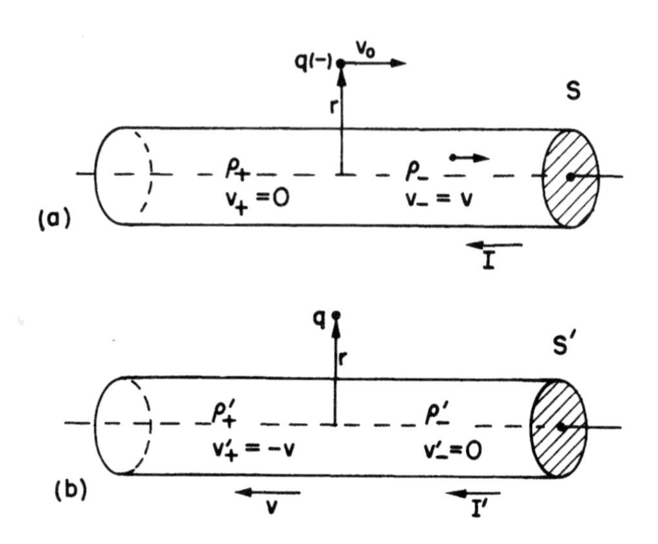

圖 13-10　從兩個參考系上看一條載流導線與一個電荷的交互作用。(a) 在 S 參考系上，導線是靜止的；(b) 在 S' 參考系上，電荷是靜止的。

(a) 所示；另一個參考系則相對於質點是固定的，如圖 (b) 所示。我們將第一個與第二個參考系，分別稱爲 S 和 S'。

在 S 參考系中，顯然有一磁力作用在該質點上。這力指向導線，所以若電荷能自由運動，我們將看到它會彎向導線。但在 S' 參考系中，不應該有任何磁力作用在質點上，因爲質點的速度爲零。那麼，質點是否會停留在原地呢？我們會在這兩個參考系中，看到不同的事情發生嗎？相對性原理指出，在 S' 參考系中，我們也該看到質點靠近導線。我們必須試著理解，爲何會發生這樣的事情。

讓我們回到原子觀點，來描述一條載流導線這個圖像。在諸如銅這類普通導體中，電流來自於某些負電子的運動，這些電子稱爲傳導電子，而原子核的正電荷及其餘電子則在材料裡保持不動。我們令傳導電子的密度爲 ρ_-，傳導電子在 S 參考系中的速度爲 v。在 S 參考系中，那些靜止電荷的密度爲 ρ_+，必須等於 ρ_- 的負値，因爲我們正在考慮一條不帶電的導線。這樣一來，在導線之外便沒有電場，因而作用在運動質點的力就只是

$$\boldsymbol{F} = q\boldsymbol{v}_0 \times \boldsymbol{B}$$

利用我們在 (13.18) 式得到的距導線軸心爲 r 處之磁場的結果，我們可以斷定，作用在質點的力指向導線，且其量值爲

$$F = \frac{1}{4\pi\epsilon_0 c^2} \cdot \frac{2Iqv_0}{r}$$

利用 (13.4) 和 (13.5) 式，電流 I 可以寫成 $\rho_- vA$，其中 A 是導線的橫截面積。於是有

$$F = \frac{1}{4\pi\epsilon_0 c^2} \cdot \frac{2q\rho_- Avv_0}{r} \tag{13.20}$$

本來我們可以繼續處理任意速度 v 和 v_0 的普遍情況，但考慮質點速度 v_0 與傳導電子速度 v 相等這種特殊情形，並無任何不妥。所以我們寫成 $v_0 = v$，而 (13.20) 式變成

$$F = \frac{q}{2\pi\epsilon_0} \frac{\rho_- A}{r} \frac{v^2}{c^2} \tag{13.21}$$

現在，我們將注意力轉移到 S' 參考系中所發生的情況。那裡的質點靜止不動，而導線則以速率 v（朝向圖的左方）從質點旁經過。隨導線運動的正電荷將在質點上造成某一磁場 B'。但質點現在是**靜止**的，所以並沒有**磁**力作用於其上！假若有任何力作用在質點

上，這力必定來自電場，一定是那條運動中的導線產生了電場。但導線只有表觀上**帶了電**時，才能產生出電場——一定是一條載流的中性導線在運動時，會顯得像帶了電似的。

我們必須細究此事。我們應當試著從 S 參考系裡已知的導線中的電荷密度，算出它在 S' 參考系中的密度。人們起初也許會認爲，這兩個密度是相同的；可是我們知道，長度在 S 參考系和 S' 參考系之間已經改變了（見第I卷第15章），所以體積也將改變。因爲電荷密度取決於電荷所占的體積，於是電荷**密度**也會改變。

在我們能定出 S' 參考系中的電荷**密度**之前，必須先知道一群電子在運動時，它們的**電荷**會發生什麼情況。我們知道質點的表觀質量將變成 $1/\sqrt{1-v^2/c^2}$ 倍。電荷是否也如此呢？不！無論動或不動，**電荷**總是**一樣**。否則我們便不會永遠都觀測到總電荷是守恆的。

假設我們取一塊材料，比方說一塊導體，它原本是不帶電的。現在把它加熱。因爲電子的質量與質子不同，兩者的速度變化量也將不同。假如質點的電荷取決於攜帶該電荷的質點的速率，那麼在這塊加了熱的導體中，電子和質子的電荷便再也無法平衡。一塊材料在加熱後，應該變成帶電體。如同我們曾見到的，若一塊材料中所有電子的電荷，只有很小一部分稍微改變，就會引起巨大的電場。但是，人們從未觀測到這種效應。

並且，我們還可指出，物質中電子的平均速率與化學成分有關。假如電子的電荷會隨速率改變，則一塊材料中的淨電荷將在化學反應中改變。再次，一個直接的計算指出：即使電荷受速率的影響非常微小，最簡單的化學反應也會產生出巨大的電場。然而，這種效應從未被觀測到，因而我們斷定：單獨質點的電荷，與其運動狀態無關。

因此一個質點的電荷 q 是一個不變的純量，與參考系無關。這就是說，在任一參考系中，電子分布的電荷密度恰好與單位體積中的電子數目成正比。我們只需注意這件事：體積**可以**因為距離的相對論性收縮而發生改變。

我們現在將這些概念應用到那條正在運動的導線上。假定取長度為 L_0 的一段導線，其中**靜止**電荷的電荷密度為 ρ_0，則它將含有總電荷 $Q = \rho_0 L_0 A_0$。若從另一個以速度 v 運動的參考系，來觀測同樣的電荷，則這些電荷會在一段**較短的**長度

$$L = L_0\sqrt{1 - v^2/c^2} \tag{13.22}$$

內被找到，但截面積 A_0 仍相同（因為與運動垂直的方向上的尺度不會改變）。見圖 13-11。

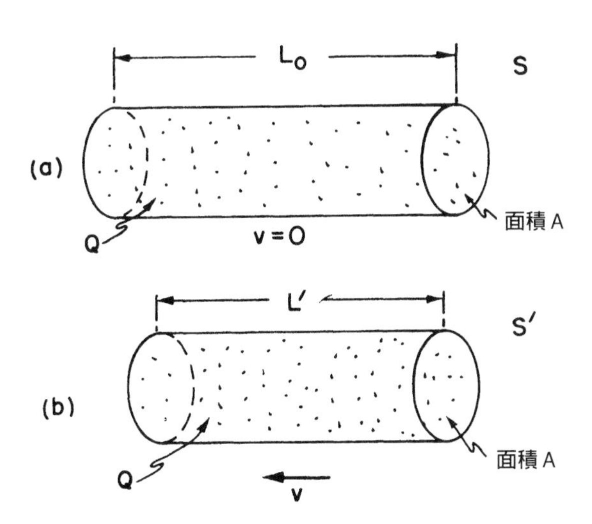

圖 13-11　若靜止的帶電粒子的電荷分布具有電荷密度 ρ_0，則從一個以相對速度 v 運動的參考系來看，同樣的電荷將具有密度 $\rho = \rho_0/\sqrt{1 - v^2/c^2}$。

若把電荷在其中運動的那個參考系中的電荷密度叫做 ρ，則總電荷 Q 將是 ρLA_0。這也應該等於 $\rho_0 L_0 A_0$，因爲在任一參考系中，電荷都一樣，所以 $\rho L = \rho_0 L_0$，或根據 (13.22) 式，

$$\rho = \frac{\rho_0}{\sqrt{1 - v^2/c^2}} \tag{13.23}$$

一個正在運動的電荷**分布**中，電荷**密度**的變化情況，就像質點的相對論性質量那般。

我們現在將這一普遍結果應用在導線中的正電荷密度 ρ_+ 上。這些電荷在 S 參考系中是靜止的。但在 S' 參考系中，導線以速率 v 運動，正電荷密度將變成

$$\rho'_+ = \frac{\rho_+}{\sqrt{1 - v^2/c^2}} \tag{13.24}$$

負電荷在 S' 參考系中是靜止的。所以在這個參考系中，負電荷具有「靜密度」ρ_0。(13.23) 式中，$\rho_0 = \rho'_-$，由於當**導線**靜止時，即在 S 參考系中，負電荷的速率爲 v，因而它們具有密度 ρ'_-。於是，對傳導電子來說，我們有

$$\rho_- = \frac{\rho'_-}{\sqrt{1 - v^2/c^2}} \tag{13.25}$$

或

$$\rho'_- = \rho_-\sqrt{1 - v^2/c^2} \tag{13.26}$$

現在我們就能明白，何以在 S' 參考系中有電場存在——因爲在

這個參考系中，導線具有靜電荷密度 ρ'

$$\rho' = \rho'_+ + \rho'_-$$

利用 (13.24) 和 (13.26) 式，可得

$$\rho' = \frac{\rho_+}{\sqrt{1 - v^2/c^2}} + \rho_-\sqrt{1 - v^2/c^2}$$

由於靜止導線是電中性的，$\rho_- = -\rho_+$，因而我們有

$$\rho' = \rho_+ \frac{v^2/c^2}{\sqrt{1 - v^2/c^2}} \tag{13.27}$$

綜合以上可知：運動中的導線帶有正電，並且在線外一個靜止質點上將產生電場 E'。我們已經解決均勻帶電圓柱體的靜電學問題。在距圓柱軸心 r 處的電場爲

$$E' = \frac{\rho' A}{2\pi\epsilon_0 r} = \frac{\rho_+ A v^2/c^2}{2\pi\epsilon_0 r\sqrt{1 - v^2/c^2}} \tag{13.28}$$

作用在負電荷質點上的力會朝向導線。從這兩個觀點看，我們至少有方向相同的力；在 S' 參考系的電力，與在 S 參考系的磁力，方向相同。

在 S' 參考系，力的大小爲

$$F' = \frac{q}{2\pi\epsilon_0}\frac{\rho_+ A}{r}\frac{v^2/c^2}{\sqrt{1 - v^2/c^2}} \tag{13.29}$$

將 F' 與 (13.21) 式中的 F 比較，可知道從這兩個觀點看來，力的大小幾乎完全相等。事實上，

$$F' = \frac{F}{\sqrt{1 - v^2/c^2}} \tag{13.30}$$

所以，就我們所考慮的低速情況而言，這兩個力相等。至少，我們可以說，在低速情況下，我們已經瞭解：磁和電不過是「看待同一事物的兩種方式」。

但是，情況還要更好。若我們考慮，從一參考系過渡到另一參考系時，**力**也得跟著變換這個事實，便會發現，這兩種看待事物的方式，對任意速度來說，都確實會給出相同的**物理**結果。

看出這一點的一種方法是，提出如下的問題：在力作用一會兒之後，質點的橫向動量爲何？從第I卷第16章，我們知道：一個粒子的橫向動量在 S 參考系和 S' 參考系中應該相同。若將橫向座標稱爲 y，我們想要比較 Δp_y 和 $\Delta p_y'$。運用正確的相對論性運動方程式 $\boldsymbol{F} = d\boldsymbol{p}/dt$，我們預期在時間 Δt 之後，質點在 S 參考系中的橫向動量 Δp_y 是

$$\Delta p_y = F \Delta t \tag{13.31}$$

而在 S' 參考系中，橫向動量將是

$$\Delta p_y' = F' \Delta t' \tag{13.32}$$

當然，我們必須在相對應的時間間隔 Δt 和 $\Delta t'$ 內來比較 Δp_y 和 $\Delta p_y'$。在第I卷第15章，我們已看到：對**運動**粒子來說，時間間隔會比在該粒子之靜止系統中的**更長**。因爲我們的質點在 S' 參考系中是靜止的，對一小段 Δt 而言，我們預期有

$$\Delta t = \frac{\Delta t'}{\sqrt{1 - v^2/c^2}} \tag{13.33}$$

於是萬事 O.K.。根據 (13.31) 和 (13.32) 式，

$$\frac{\Delta p'_y}{\Delta p_y} = \frac{F' \Delta t'}{F \Delta t}$$

結合 (13.30) 和 (13.33) 式，可知上述比值正好等於 1。

我們已經發現，對於正沿導線運動的質點，無論是從相對於導線靜止的座標系，還是從相對於質點靜止的座標系來進行分析，都會得到相同的物理結果。在第一種情形中，力純屬「磁」力；而在第二種情形中，力純屬「電」力。這兩種觀點顯示於圖 13-12 中（儘管在第二個參考系中仍有磁場 $\boldsymbol{B}'$，但它對一靜止質點不會產生任何力）。

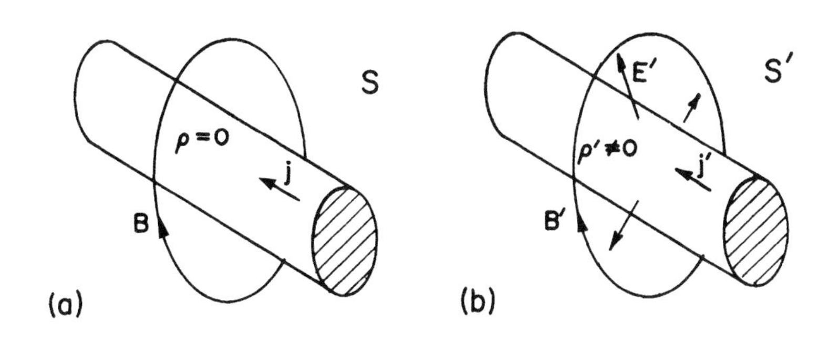

圖 13-12　(a) 在 S 參考系，電荷密度為零，而電流密度為 $\boldsymbol{j}$。這裡僅有一磁場。(b) 在 S' 參考系，就有電荷密度 ρ'，以及不同的電流密度 $\boldsymbol{j}'$。磁場 $\boldsymbol{B}'$ 跟 S 參考系的不同，而且還有一電場 $\boldsymbol{E}'$。

要是我們選取另一個座標系，應該會得到另一組不同的 ***E*** 場和 ***B*** 場。電力和磁力都是**同一**物理現象（粒子間的電磁交互作用）的一部分。將這種交互作用分成電和磁兩部分，很大程度上取決於選來描述它的參考系。但一套完整的電磁描述是不變的；將電和磁合在一起，就能符合愛因斯坦的相對論。

因為當我們改變參考系時，電場與磁場以不同方式的混合出現，我們對於如何看待 ***E*** 場與 ***B*** 場應多加小心。例如，若我們考慮 ***E*** 和 ***B*** 的「場線」時，絕不能把它們太當眞。當我們試著從不同的座標系進行觀察時，這些場線可能會消失。比方說，在 S' 參考系中有電場線存在，但我們**從未**發現這些線「在 S 參考系中，以速度 v 從我們旁邊經過」。S 參考系中根本沒有電場！

因此，以下的說法是沒有意義的：當我移動一塊磁鐵，磁鐵帶著磁場，因此 ***B*** 線也會一起移動過來。一般說來，「場線移動的速率」這個概念是毫無意義的。場是我們用來描述空間中一點上所發生情形的一種方式而已。特別是，***E*** 和 ***B*** 告訴我們作用在一個運動粒子上的力。「一**運動**磁場作用在一電荷上的力為何？」這個問題根本沒有準確的涵義。力是由電荷所在處的 ***E*** 與 ***B*** 的值給出的，而 (13.1) 式不會由於 ***E*** 和 ***B*** 的**源**正在運動而改變（***E*** 與 ***B*** 的值才會由於源的運動而改變）。我們的數學描述只處理**相對於某一慣性參考系**的兩種以 x、y、z、t 為變數的場函數。

我們以後將提到「行經空間的電場和磁場的**波**」，諸如一道光波，但這和說一根弦上行進的**波**相似。這時候，我們並非指**弦**的某部分會在波的方向上運動，而是指弦的**位移**首先出現在某處，繼而出現在另一處。同理，以電磁波來說，是波在**行進**，而場的大小在**改變**。所以，今後當我們或其他人談及「運動中」的場時，你應該把它想成不過是一種便捷的方式，描述在某些情況下變化的場。

13-7 電流與電荷的變換

對於我們在前面所做的簡化，把質點和導線中傳導電子的速度都設為 v，你可能會感到擔心。我們可以回頭用兩個不同的速度再計算一次，但更簡單的方法是，我們只需留意電荷與電流密度是四維向量的分量（見第I卷第17章）。

我們已經知道，若在靜止參考系中的電荷密度為 ρ_0，則在電荷具有速度 $\boldsymbol{v}$ 的參考系中，其密度為

$$\rho = \frac{\rho_0}{\sqrt{1 - v^2/c^2}}$$

在同一參考系中，電流密度為

$$\boldsymbol{j} = \rho\boldsymbol{v} = \frac{\rho_0\boldsymbol{v}}{\sqrt{1 - v^2/c^2}} \tag{13.34}$$

我們已經知道，一個以速度 $\boldsymbol{v}$ 運動的質點，其能量 U 與動量 $\boldsymbol{p}$ 分別為

$$U = \frac{m_0c^2}{\sqrt{1 - v^2/c^2}}, \qquad \boldsymbol{p} = \frac{m_0\boldsymbol{v}}{\sqrt{1 - v^2/c^2}}$$

式子中，m_0 為質點的靜質量。我們還知道，U 與 $\boldsymbol{p}$ 可以構成相對論性四維向量。由於 ρ 和 $\boldsymbol{j}$ 與速度 $\boldsymbol{v}$ 的關係，同 U 和 $\boldsymbol{p}$ 與速度 $\boldsymbol{v}$ 的關係完全一樣，我們便可斷定：ρ 和 $\boldsymbol{j}$ **也是**相對論性四維向量的分量。想對以任一速度運動的導線之場進行普遍分析，這一性質是關鍵所在，假如我們想對「線外質點速度 $\boldsymbol{v}_0$ 不同於傳導電子的速度」

這個問題再次求解，就用得著這個性質。

假如我們希望將 ρ 和 $\boldsymbol{j}$ 變換到在 x 軸方向上、以速度 u 運動的座標系，那麼我們知道，它們的變換應該正好同 t 和 (x, y, z) 那樣（見第 I 卷第 15 章），所以我們有

$$\begin{aligned} x' &= \frac{x - ut}{\sqrt{1 - u^2/c^2}}, & j_x' &= \frac{j_x - u\rho}{\sqrt{1 - u^2/c^2}}, \\ y' &= y, & j_y' &= j_y, \\ z' &= z, & j_z' &= j_z, \\ t' &= \frac{t - ux/c^2}{\sqrt{1 - u^2/c^2}}, & \rho' &= \frac{\rho - uj_x/c^2}{\sqrt{1 - u^2/c^2}} \end{aligned} \tag{13.35}$$

用上述方程式，我們就能把兩個參考系中的電荷與電流聯繫起來。取任一參考系中的電荷與電流，我們便能應用馬克士威方程組，來解在該參考系中的電磁學問題。不管我們選哪一個參考系，**對粒子運動**所獲的結果將完全相同。我們以後還會回到電磁場的相對論性變換這個問題。

13-8 疊加原理；右手定則

我們將對靜磁學這一主題再做出兩點評述，來結束本章。

首先，磁場的兩個基本方程式

$$\nabla \cdot \boldsymbol{B} = 0, \qquad \nabla \times \boldsymbol{B} = \boldsymbol{j}/c^2\epsilon_0$$

對 $\boldsymbol{B}$ 和 $\boldsymbol{j}$ 而言都是線性的。這表示疊加原理也適用於磁場。由不同的兩個穩定電流所生的磁場，等於每一電流單獨作用時的磁場之和。

第二點評述是關於以前已碰到過的右手定則（比如跟電流所產生的磁場相關的那個右手定則）。我們也已看到，一塊磁鐵的磁化，應該從材料中的電子自旋來加以理解。自旋電子的磁場方向與其自旋軸之間的關係，也遵循同一右手定則。$\boldsymbol{B}$ 是由一個「手式」定則（“handed” rule）來決定的，由於它涉及外積或旋度，因而稱爲**軸**向量。（凡在空間中的方向與右手或左手定則都無關的那些向量，稱爲**極**向量。比方說，位移、速度、力與 $\boldsymbol{E}$，都是極向量。）

然而，電磁學中的**物理可觀測量**，卻**不是**依循右手定則（或左手定則）。電磁交互作用在空間反射之下是對稱的（見第 I 卷第 52 章）。每當計算兩組電流之間的磁力時，結果並不隨著右手或左手而有不同。我們的方程組總會導致「同向電流相吸、反向電流相斥」這個結果，這和使用右手定則無關。（你可以試著用「左手定則」來算出力。）吸引力或排斥力是一種極向量。這是因爲在描述任一完整的交互作用時，我們用了兩次右手定則：一次是從電流找出 $\boldsymbol{B}$，第二次則是找出這個 $\boldsymbol{B}$ 在另一電流上所產生的力。用兩次右手定則，與用兩次左手定則是一樣的。假如將我們的慣例改成左手系統，那麼所有的 $\boldsymbol{B}$ 都將反向，但所有的力，或更妥切的說是觀測到的物體加速度，仍然保持不變。

雖然最近物理學家非常驚訝的發現：並非**所有的**自然定律總是保持鏡反射的特性，但電磁學定律確實有這種基本的對稱性。

第14章 各種情況下的磁場

14-1 向量位勢

在這一章，我們將繼續討論與穩定電流有關的磁場——也就是靜磁學這個主題。磁場與電流之間的基本方程式如下：

$$\nabla \cdot \boldsymbol{B} = 0 \tag{14.1}$$

$$c^2 \nabla \times \boldsymbol{B} = \frac{\boldsymbol{j}}{\epsilon_0} \tag{14.2}$$

現在我們希望以一種**普遍的**方式，即不需要任何特殊的對稱性或直觀的猜測，就能在數學上解這些方程式。在靜電學中，我們曾找到一種直接程序，當所有電荷的位置都已知時，可以求得場：只需對電荷求積分，就能算出純量勢 ϕ（也就是電位）——如 (4.25) 式所示。然後，假如想知道電場，則可由 ϕ 的微分得到。我們接著將證明，假如知道所有運動電荷的電流密度 $\boldsymbol{j}$，就存在有一種找出磁場 $\boldsymbol{B}$ 的相應程序。

在靜電學中，我們曾看到，有可能把 $\boldsymbol{E}$ 表成純量場 ϕ 的梯度（因爲 $\boldsymbol{E}$ 的旋度總是零）。現在，$\boldsymbol{B}$ 的旋度**並非**總是零，所以一般說來不可能將它表成一梯度。然而，$\boldsymbol{B}$ 的**散度**卻**總是**零，而這表示，我們總是可以將 $\boldsymbol{B}$ 表示成另一個向量場的**旋度**。因爲正如我們在第 2-7 節中曾看到的，旋度的散度總是等於零。於是，我們總是可以將 $\boldsymbol{B}$ 與稱爲 $\boldsymbol{A}$ 的場連起來：

$$\boldsymbol{B} = \nabla \times \boldsymbol{A} \tag{14.3}$$

或寫成分量形式

$$\begin{aligned} B_x &= (\nabla \times A)_x = \frac{\partial A_z}{\partial y} - \frac{\partial A_y}{\partial z} \\ B_y &= (\nabla \times A)_y = \frac{\partial A_x}{\partial z} - \frac{\partial A_z}{\partial x} \\ B_z &= (\nabla \times A)_z = \frac{\partial A_y}{\partial x} - \frac{\partial A_x}{\partial y} \end{aligned} \tag{14.4}$$

$\boldsymbol{B} = \nabla \times \boldsymbol{A}$ 保證 (14.1) 式一定成立，因為必然有

$$\nabla \cdot \boldsymbol{B} = \nabla \cdot (\nabla \times \boldsymbol{A}) = 0$$

$\boldsymbol{A}$ 這個場稱為**向量位勢**（vector potential）。

你應該記得，純量勢 ϕ 並未完全由其定義規定。假如你找到了某一問題的 ϕ，你總是可經由加上一個常數，而找到另一個同樣好的位勢 ϕ'：

$$\phi' = \phi + C$$

這個新的位勢 ϕ' 會給出同樣的電場，因為梯度 ∇C 為零；ϕ 與 ϕ' 所表達的是同一物理現象。

同樣的，我們也可以有能夠給出同一磁場的不同向量位勢 $\boldsymbol{A}$。我們再次看到，因為 $\boldsymbol{B}$ 是對 $\boldsymbol{A}$ 微分得出的，所以在 $\boldsymbol{A}$ 上加一常數，並不會改變具物理意義的任何東西。但是 $\boldsymbol{A}$ 還有更大的自由度。我們可以將 $\boldsymbol{A}$ 加上由某一純量場的梯度表示的任意場，而不會改變任何物理實質。這將在下文加以證明。假如我們對某一實際情況，已經有一個能正確給出磁場 $\boldsymbol{B}$ 的 $\boldsymbol{A}$，並問在什麼情況下，某一個新的向量位勢 $\boldsymbol{A}'$ 在代入 (14.3) 式時，能給出**同樣的** $\boldsymbol{B}$ 場。於是，$\boldsymbol{A}$ 和 $\boldsymbol{A}'$ 應該具有同一旋度：

$$\boldsymbol{B} = \nabla \times \boldsymbol{A}' = \nabla \times \boldsymbol{A}$$

因此

$$\nabla \times \boldsymbol{A}' - \nabla \times \boldsymbol{A} = \nabla \times (\boldsymbol{A}' - \boldsymbol{A}) = 0$$

但若一向量的旋度爲零，那麼它必然是某一純量場（比方說ψ）的梯度，因而有$\boldsymbol{A}' - \boldsymbol{A} = \nabla\psi$。這表示，若$\boldsymbol{A}$是對某問題合用的向量位勢，則對任何$\psi$而言，

$$\boldsymbol{A}' = \boldsymbol{A} + \nabla\psi \tag{14.5}$$

仍將是一個同樣合用的向量位勢，因爲它可給出同一個$\boldsymbol{B}$場。

對$\boldsymbol{A}$任意加上另一條件，而去除掉它的某種「自由度」，這樣做往往是方便的（正如我們已知道，將非常遠處的純量勢ϕ取成零，是很方便的，通常是這樣）。例如，我們可以任意規定$\boldsymbol{A}$的散度應取何值，而對$\boldsymbol{A}$加以限制。我們總是可以這樣做，而不致影響$\boldsymbol{B}$。這是因爲：雖然$\boldsymbol{A}'$和$\boldsymbol{A}$具有同一旋度。且給出相同的$\boldsymbol{B}$，但它們卻不需要具有同一散度。事實上，$\nabla \cdot \boldsymbol{A}' = \nabla \cdot \boldsymbol{A} + \nabla^2\psi$，我們只要選擇適當的$\psi$，就可得到任意的$\nabla \cdot \boldsymbol{A}'$。

我們到底該如何選擇$\nabla \cdot \boldsymbol{A}$呢？選擇結果應該會帶來數學上最大的方便性，並依我們正在探討的問題而定。對**靜磁學**來說，我們將採用下述的簡單選擇

$$\nabla \cdot \boldsymbol{A} = 0 \tag{14.6}$$

（往後，當我們考慮電動力學時，我們將改變上述選擇。）於是，目前我們對$\boldsymbol{A}$的完整定義* 爲：$\nabla \times \boldsymbol{A} = \boldsymbol{B}$和$\nabla \cdot \boldsymbol{A} = 0$。

爲了熟悉向量位勢，讓我們首先考慮對於均勻的磁場$\boldsymbol{B}_0$而

言，向量位勢是何模樣。取$\boldsymbol{B}_0$的方向為z軸，我們就該有

$$
\begin{aligned}
B_x &= \frac{\partial A_z}{\partial y} - \frac{\partial A_y}{\partial z} = 0 \\
B_y &= \frac{\partial A_x}{\partial z} - \frac{\partial A_z}{\partial x} = 0 \\
B_z &= \frac{\partial A_y}{\partial x} - \frac{\partial A_x}{\partial y} = B_0
\end{aligned}
\tag{14.7}
$$

檢視之後，我們得知這些方程式的一個**可能的**解是

$$A_y = xB_0, \qquad A_x = 0, \qquad A_z = 0$$

或者，我們也同樣可以取

$$A_x = -yB_0, \qquad A_y = 0, \qquad A_z = 0$$

還有另一個解，則是上述兩者的線性組合：

$$A_x = -\tfrac{1}{2}yB_0, \qquad A_y = \tfrac{1}{2}xB_0, \qquad A_z = 0 \tag{14.8}$$

顯然對任一特定的$\boldsymbol{B}$場來說，向量位勢$\boldsymbol{A}$並不是唯一的，而是有多種可能性。

上面第三個解，即(14.8)式，具備一些有趣的性質。由於x分量與$-y$成正比，而y分量與$+x$成正比，$\boldsymbol{A}$就必須垂直於從z軸出

★原注：我們的定義還不能求出獨一無二的$\boldsymbol{A}$場。如果要得到**唯一**的$\boldsymbol{A}$，我們還應該說明$\boldsymbol{A}$在某一邊界上或非常遙遠處的行為。有時為了方便，我們會選擇，譬如說，讓$\boldsymbol{A}$場在很遠處變成零。

發的向量，我們稱這個向量爲 $\boldsymbol{r}'$（加上一撇，是爲了提醒我們，它**並不是**從原點出發的位移向量）。並且，$\boldsymbol{A}$ 的大小與 $\sqrt{x^2+y^2}$ 成正比，因而也與 r' 成正比。所以（對我們的均勻磁場來說），$\boldsymbol{A}$ 可以簡單寫成

$$\boldsymbol{A} = \tfrac{1}{2}\boldsymbol{B}_0 \times \boldsymbol{r}' \tag{14.9}$$

向量位勢 $\boldsymbol{A}$ 的大小爲 $B_0r'/2$，並繞著軸旋轉，如圖 14-1 所示。舉例而言，若 $\boldsymbol{B}$ 場爲螺線管內的軸向磁場，則其向量位勢便和螺線管上的電流沿同一方向環行。

一均勻磁場的向量位勢，也可由另一種途徑獲得。由斯托克斯定理，即 (3.38) 式，$\boldsymbol{A}$ 繞任一閉合迴路 Γ 的環流，與 $\nabla\times\boldsymbol{A}$ 的面積

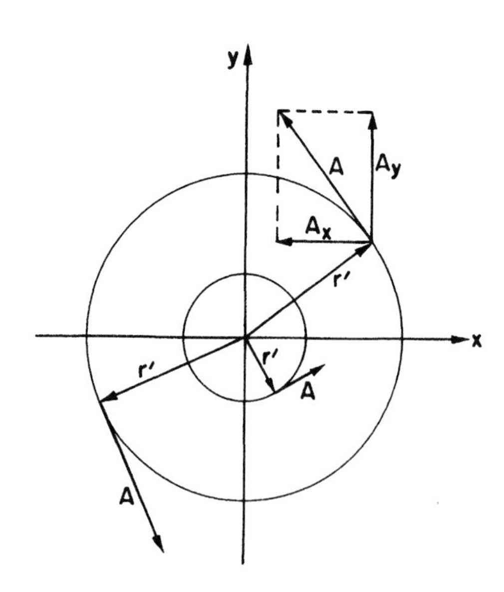

圖 14-1　一個沿 z 方向的均勻磁場 $\boldsymbol{B}$，對應於繞 z 軸旋轉且大小為 $A = Br'/2$ 的向量位勢 $\boldsymbol{A}$（r' 是從 z 軸出發的位移）。

分，可以彼此聯繫起來：

$$\oint_{\Gamma} \boldsymbol{A} \cdot d\boldsymbol{s} = \int_{\text{在}\Gamma\text{內}} (\nabla \times \boldsymbol{A}) \cdot \boldsymbol{n}\, da \tag{14.10}$$

但等式右邊的積分，等於穿過迴路範圍內 $\boldsymbol{B}$ 的通量，因而有

$$\oint_{\Gamma} \boldsymbol{A} \cdot d\boldsymbol{s} = \int_{\text{在}\Gamma\text{內}} \boldsymbol{B} \cdot \boldsymbol{n}\, da \tag{14.11}$$

所以 $\boldsymbol{A}$ 繞任一迴路 Γ 的環流，等於穿過迴路範圍內 $\boldsymbol{B}$ 的通量。假如我們取半徑爲 r' 且落在與均勻磁場 $\boldsymbol{B}$ 垂直的平面上的圓形迴路，則通量正好是

$$\pi r'^2 B$$

假定我們將原點選在一條對稱軸上，因而可將 $\boldsymbol{A}$ 視爲沿著周邊、且僅是 r' 的函數，則 $\boldsymbol{A}$ 的環流便將是

$$\oint \boldsymbol{A} \cdot d\boldsymbol{s} = 2\pi r' A = \pi r'^2 B$$

如同前文，我們得到

$$A = \frac{Br'}{2}$$

在剛才所舉的例子中，我們由磁場算出了向量位勢，這與一般做法正好相反。在複雜的問題中，先求解向量位勢，再由它來確定磁場，通常是比較容易的。我們接著就來說明這個方法。

14-2 已知電流的向量位勢

既然 $\boldsymbol{B}$ 是由電流決定的，所以 $\boldsymbol{A}$ 也是。我們現在要由電流來求出 $\boldsymbol{A}$ 。我們從基本方程式 (14.2) 出發：

$$c^2\nabla\times\boldsymbol{B}=\frac{\boldsymbol{j}}{\epsilon_0}$$

當然這意味著

$$c^2\nabla\times(\nabla\times\boldsymbol{A})=\frac{\boldsymbol{j}}{\epsilon_0}\tag{14.12}$$

這一方程式對靜磁學來說，就如下列方程式

$$\nabla\cdot\nabla\phi=-\frac{\rho}{\epsilon_0}\tag{14.13}$$

對靜電學那樣。

如果我們用向量恆等式 (2.58)，將 $\nabla\times(\nabla\times\boldsymbol{A})$ 改寫成

$$\nabla\times(\nabla\times\boldsymbol{A})=\nabla(\nabla\cdot\boldsymbol{A})-\nabla^2\boldsymbol{A}\tag{14.14}$$

則關於向量位勢的 (14.12) 式，看起來就更像那個跟 ϕ 有關的式子。既然我們已決定使 $\nabla\cdot\boldsymbol{A}=0$（而此刻你應瞭解理由了），(14.12) 式就成為

$$\nabla^2\boldsymbol{A}=-\frac{\boldsymbol{j}}{\epsilon_0c^2}\tag{14.15}$$

當然，這個向量方程式包括下列三個方程式：

$$\nabla^2A_x=-\frac{j_x}{\epsilon_0c^2},\qquad\nabla^2A_y=-\frac{j_y}{\epsilon_0c^2},\qquad\nabla^2A_z=-\frac{j_z}{\epsilon_0c^2}\tag{14.16}$$

而這三個方程式中的每一個，**在數學上**都與下列方程式**全同**：

$$\nabla^2\phi = -\frac{\rho}{\epsilon_0} \tag{14.17}$$

以前學到的，當 ρ 已知時求位勢的所有方法，都可在當 $\boldsymbol{j}$ 已知時用來求 $\boldsymbol{A}$ 的每一個分量！

在第 4 章中，我們已看到靜電學方程式 (14.17) 有一個通解（見 (4.25) 式）

$$\phi(1) = \frac{1}{4\pi\epsilon_0}\int\frac{\rho(2)\,dV_2}{r_{12}}$$

因而我們立即知道，$\boldsymbol{A}_x$ 的一個通解為

$$A_x(1) = \frac{1}{4\pi\epsilon_0 c^2}\int\frac{j_x(2)\,dV_2}{r_{12}} \tag{14.18}$$

A_y 和 A_z 與此類似。（圖 14-2 將提醒你關於 $\boldsymbol{r}_{12}$ 的 dV_2 慣例。）我們

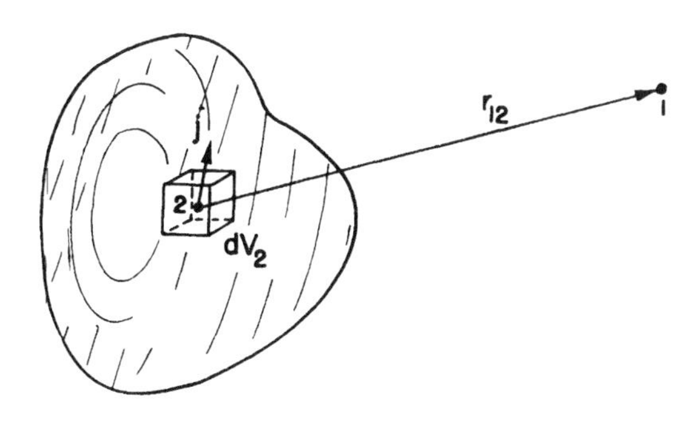

圖 14-2　點 1 處的向量位勢 $\boldsymbol{A}$，是對所有點 2 處的電流元素 $\boldsymbol{j}\,dV$ 積分而得出的。

可以將這三個解，合成一個向量式

$$\boldsymbol{A}(1)=\frac{1}{4\pi\epsilon_0 c^2}\int\frac{\boldsymbol{j}(2)\,dV_2}{r_{12}} \tag{14.19}$$

（只要你樂意，可直接對各分量求微分而證實：$\boldsymbol{A}$ 的這一積分滿足 $\boldsymbol{\nabla}\cdot\boldsymbol{A}=0$，只要 $\boldsymbol{\nabla}\cdot\boldsymbol{j}=0$，而我們已經知道，這條件對穩定電流來說是必然成立的。）

這樣，我們就有一個普遍的方法，可以找出穩定電流的磁場。原則是：從一電流密度 $\boldsymbol{j}$ 所產生的向量位勢之 x 分量，與等於 j_x/c^2 的電荷密度 ρ 將產生的電位相同 —— y 與 z 分量也與此類似。（這個原則只對固定方向上的分量才適用。舉例而言，$\boldsymbol{A}$ 的「徑向」分量便不能用相同的方式，從 $\boldsymbol{j}$ 的「徑向」分量求得。）因此從電流密度向量 $\boldsymbol{j}$，我們可用 (14.19) 式找出 $\boldsymbol{A}$ —— 即藉由求電荷分布各自為 $\rho_1=j_x/c^2$、$\rho_2=j_y/c^2$ 和 $\rho_3=j_z/c^2$ 的三個想像中的靜電學問題，來找出 $\boldsymbol{A}$ 的每一個分量。然後取 $\boldsymbol{A}$ 的各種微分，以算出 $\boldsymbol{\nabla}\times\boldsymbol{A}$，如此就可求出 $\boldsymbol{B}$。這比靜電學複雜些，但概念是一樣的。我們接著將求幾種特殊情況下的向量位勢，來闡明這個理論。

14-3 直導線

做為第一個例子，我們將再次求一直導線的場 —— 在上一章中，已經用 (14.2) 式和一些對稱性的論據，解過這個問題。我們考慮一條半徑為 a、且通有穩定電流 I 的長直導線。不同於靜電學中一導體上的電荷分布，導線中的電流是均勻分布在導線的整個截面上。若我們選取圖 14-3 所示的座標系，則電流密度向量 $\boldsymbol{j}$ 便只有一個 z 分量，其大小在導線內為

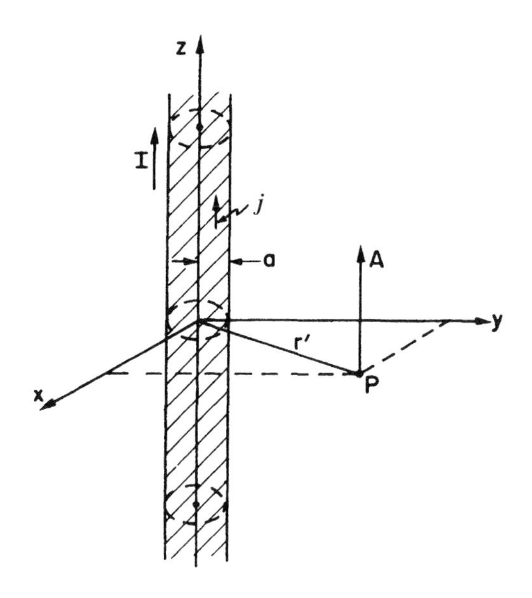

圖 14-3 沿著 z 軸的一條長圓柱形導線，通有均勻電流密度 j。

$$j_z = \frac{I}{\pi a^2} \tag{14.20}$$

而在導線外則爲零。

既然 j_x 和 j_y 兩者都爲零，我們直接可得

$$A_x = 0, \qquad A_y = 0$$

欲求 A_z，我們可以用一條帶有均勻電荷密度 $\rho = j_z/c^2$ 之導線的靜電位 ϕ 這個解。在一條無限長的帶電圓柱外的各點上，靜電位爲

$$\phi = -\frac{\lambda}{2\pi\epsilon_0}\ln r'$$

式中 $r' = \sqrt{x^2+y^2}$，而 λ 是每單位長度的電荷，即 $\pi a^2\rho$。所以，對於通有均勻電荷的長直導線外的各點，A_z 一定是

$$A_z = -\frac{\pi a^2 j_z}{2\pi\epsilon_0 c^2}\ln r'$$

因為 $\pi a^2 j_z = I$，上式也可寫成

$$A_z = -\frac{I}{2\pi\epsilon_0 c^2}\ln r' \tag{14.21}$$

現在我們可由 (14.4) 式求出 $\boldsymbol{B}$。六個導數中，只有兩個不等於零，於是得到

$$B_x = -\frac{I}{2\pi\epsilon_0 c^2}\frac{\partial}{\partial y}\ln r' = -\frac{I}{2\pi\epsilon_0 c^2}\frac{y}{r'^2}, \tag{14.22}$$

$$B_y = \frac{I}{2\pi\epsilon_0 c^2}\frac{\partial}{\partial x}\ln r' = \frac{I}{2\pi\epsilon_0 c^2}\frac{x}{r'^2}, \tag{14.23}$$

$$B_z = 0$$

我們得到了與前面相同的結果：$\boldsymbol{B}$ 環繞著導線，大小為

$$B = \frac{1}{4\pi\epsilon_0 c^2}\frac{2I}{r'} \tag{14.24}$$

14-4 長螺線管

其次，我們再來考慮一無限長的螺線管，且沿管的表面，每單位長度通有 nI 的環形電流（我們假定，每單位長度繞有 n 匝通了電流 I 的導線，而不計每圈之間的微小間距）。

正如我們曾定義「面電荷密度」σ 那樣，此處我們定義一個

「面電流密度」$\boldsymbol{J}$，等於螺線管表面上每單位長度的電流（當然就是平均電流密度$\boldsymbol{J}$乘以細線圈的厚度）。此處$\boldsymbol{J}$的大小為nI。這一表面電流（見圖14-4）的分量為

$$J_x = -J\sin\phi, \qquad J_y = J\cos\phi, \qquad J_z = 0$$

現在我們必須找出這種電流分布的$\boldsymbol{A}$。

首先，我們想找出螺線管外各點的A_x，結果與一個帶有面電荷密度

$$\sigma = \sigma_0 \sin\phi$$

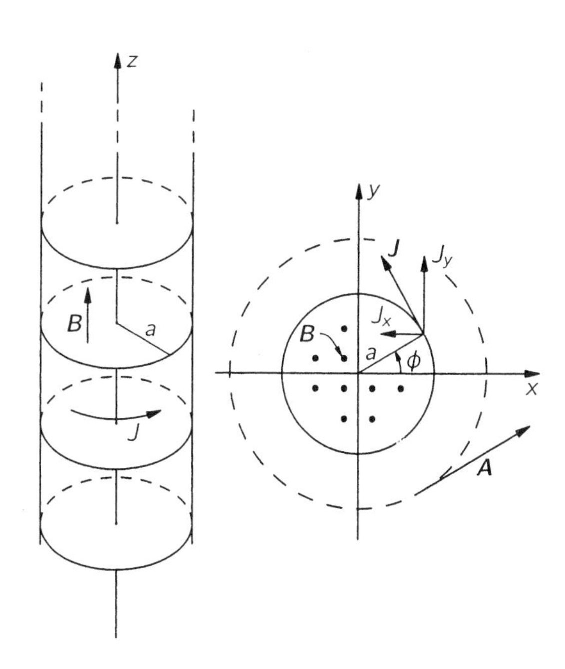

圖14-4 通有面電流密度J的長螺線管

（$\sigma_0 = -J/c^2$）的圓柱外的靜電位相同。我們尚未解過這種電荷分布的問題，但曾做過類似的事。這種電荷分布相當於兩個分別帶正電和負電的**圓柱**，它們的軸在 y 方向上有微小的相對位移。這對圓柱體的電位，與單一均勻帶電圓柱之電位對 y 的導數成正比。我們可算出這一比例常數，但暫時不需考慮它。

一個帶電圓柱之電位與 $\ln r'$ 成正比，因而這對圓柱的電位為

$$\phi \propto \frac{\partial \ln r'}{\partial y} = \frac{y}{r'^2}$$

於是，我們得知

$$A_x = -K\frac{y}{r'^2} \tag{14.25}$$

式中的 K 是某一常數。根據相同論證，我們可得

$$A_y = K\frac{x}{r'^2} \tag{14.26}$$

儘管我們在前文說過，螺線管之外不存在**磁場**，但現在卻發現**有**一個 $\mathbf{A}$ 場環繞著 z 軸，如圖 14-4 所示。問題在於：它的旋度是否為零？

顯然 B_x 和 B_y 都等於零，而

$$\begin{aligned} B_z &= \frac{\partial}{\partial x}\left(K\frac{x}{r'^2}\right) - \frac{\partial}{\partial y}\left(-K\frac{y}{r'^2}\right) \\ &= K\left(\frac{1}{r'^2} - \frac{2x^2}{r'^4} + \frac{1}{r'^2} - \frac{2y^2}{r'^4}\right) = 0 \end{aligned}$$

因此，一個十分長的螺線管外面的磁場確實為零，即便向量位勢不等於零亦然。

我們可以用其他已知的東西來核對上述結果：環繞螺線管的向量位勢之環流應等於管內 B 之通量。此環流為 $A \cdot 2\pi r'$，或者因為 $A = K/r'$，環流即為 $2\pi K$。請注意，環流與 r' 無關。假如管外不存在 $\boldsymbol{B}$ 的話，這正好是該有的結果，因為通量僅僅是螺線管**內** $\boldsymbol{B}$ 的大小乘以 πa^2。對於半徑 $r' > a$ 的所有圓周來說，通量都相等。在上一章中，我們曾得出管內之場為 $nI/\epsilon_0 c^2$，所以可求出常數 K：

$$2\pi K = \pi a^2 \frac{nI}{\epsilon_0 c^2}$$

或

$$K = \frac{nIa^2}{2\epsilon_0 c^2}$$

因此，管**外**向量位勢的大小為

$$\boldsymbol{A} = \frac{nIa^2}{2\epsilon_0 c^2} \frac{1}{r'} \tag{14.27}$$

且總是垂直於向量 $\boldsymbol{r}'$。

我們剛才考慮的是一個由導線繞成的螺線管，但假如我們旋轉一個表面帶有靜電荷的長圓柱，也可產生相同的場。若有一個半徑為 a 且帶著面電荷密度 σ 的薄圓柱體殼層，則將它旋轉時，可得到一表面電流 $J = \sigma v$，其中 $v = a\omega$ 是面電荷的速度。這樣在圓柱內就有一個磁場 $B = \sigma a\omega/\epsilon_0 c^2$。

現在可以提出一個有趣的問題。假設我們讓一條短導線 W 垂直於圓柱體的軸，W 從軸伸出至圓柱表面且固著於圓柱上，使其可隨圓柱旋轉，如圖 14-5 所示。這條導線在磁場中運動，因而 $\boldsymbol{v} \times \boldsymbol{B}$ 這種力將使導線兩端帶電（兩端將充電，直到由這些電荷產生的 $\boldsymbol{E}$ 場恰好抵消 $\boldsymbol{v} \times \boldsymbol{B}$ 之力）。假如柱殼帶正電，則導線在柱軸那一端將

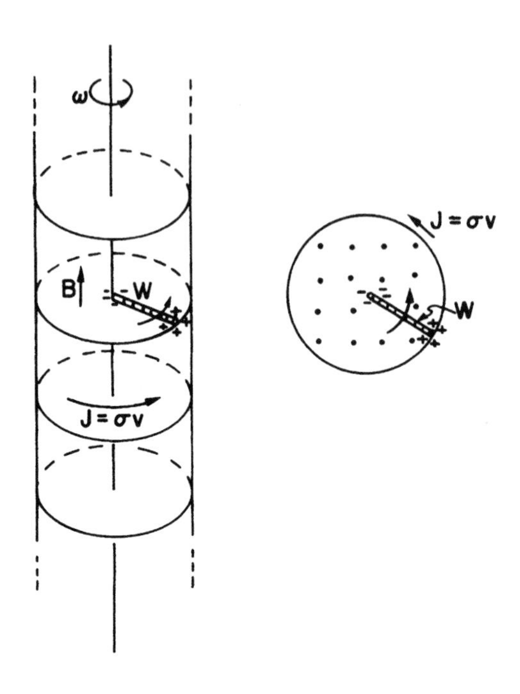

圖 14-5　一條旋轉中的帶電圓柱體殼層，在柱內會產生一個磁場。隨著圓柱旋轉的一條徑向短導線，會有電荷感生在其兩端上。

帶負電。量測導線一端的電荷，我們便可量得這個系統的旋轉速率。於是我們就有了一具「角速度計」！

但你是否會懷疑：「要是自己置身於該旋轉圓柱的參考系中，會發生什麼情況呢？這時只有一個靜止的帶電圓柱，而我知道靜電方程式說明圓柱內部**並沒有**電場，因而也就沒有任何力會把電荷推向圓柱軸心。所以肯定是出了某種差錯。」但事實上什麼也沒錯。因為原本就不存在「轉動的相對性」。一個轉動的系統**並不是**慣性系，因而物理定律是不同的。我們只有在慣性座標系之中才能應用電磁學方程式。

要是我們能夠用上述帶電圓柱來測量地球的絕對轉動，那該有多好；但可惜這個效應過於微小，即使用目前最精密的儀器也測不出來。

14-5 小迴路的場；磁偶極

讓我們用向量位勢的方法，找出一個載有電流之小迴路的磁場。依慣例，所謂「小」，只是指我們感興趣的場是位於遠比迴路尺寸大許多的距離之外。結果將會是，每一小迴路都是一個「磁偶極」。也就是說，它產生的**磁**場類似一個電偶極產生的電場。

首先考慮一矩形迴路，並依圖14-6所示，選擇我們的座標系。沿 z 方向沒有電流，因而 A_z 爲零。在長度等於 a 的兩邊上，都有沿 x 方向的電流。在每一段中，電流密度（還有電流）都是均勻的。因此 A_x 的解，就如同二根帶電棒產生的靜電位那樣（見圖14-7）。既然二根棒子所帶的電荷相反，它們在遠處的電位就應該只是偶極

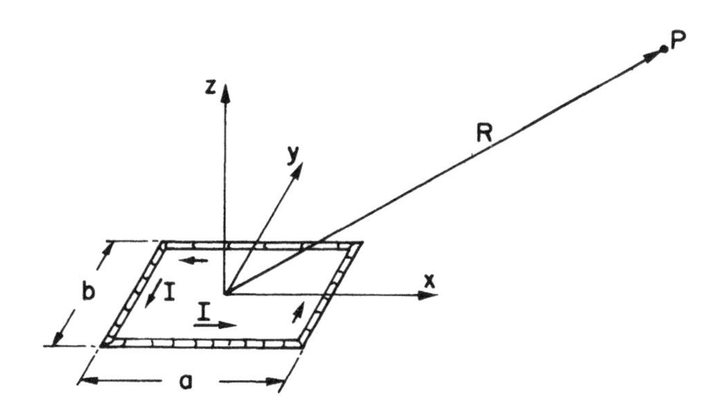

圖14-6 通有電流 I 的矩形迴路。P 點的磁場有多大呢？（$R >> a$ 與 $R >> b$）

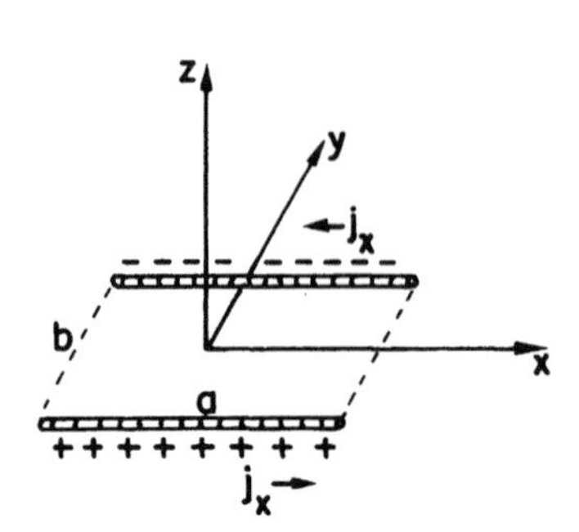

圖 14-7　在圖 14-6 的電流迴路中的 j_x 分布

勢（第 6-5 節）。在圖 14-6 中的 P 點，位勢應爲

$$\phi = \frac{1}{4\pi\epsilon_0}\frac{\boldsymbol{p}\cdot\boldsymbol{e}_R}{R^2} \tag{14.28}$$

式中 $\boldsymbol{p}$ 爲電荷分布的偶極矩。在這情況下，偶極矩等於每根棒子上的總電荷乘以兩棒之間的距離：

$$p = \lambda ab \tag{14.29}$$

偶極矩指向負 y 方向，所以 $\boldsymbol{R}$ 與 $\boldsymbol{p}$ 夾角的餘弦就是 $-y/R$（其中 y 是 P 點的 y 座標）。因而我們有

$$\phi = -\frac{1}{4\pi\epsilon_0}\frac{\lambda ab}{R^2}\frac{y}{R}$$

只需用 I/c^2 代替 λ，我們便可得到

$$A_x = -\frac{Iab}{4\pi\epsilon_0c^2}\frac{y}{R^3} \tag{14.30}$$

同理可得

$$A_y = \frac{Iab}{4\pi\epsilon_0c^2}\frac{x}{R^3} \tag{14.31}$$

再一次，A_y 與 x 成正比，而 A_x 與 $-y$ 成正比，所以（遠處的）向量位勢繞著 z 軸成圓圈，正如迴路中環繞的電流 I 那般，如圖 14-8 所示。

A 的大小正比於 Iab，即電流乘以迴路的面積。這個乘積稱為該迴路的**磁偶極矩**（magnetic dipole moment；常簡稱為「磁矩」，magnetic moment）。我們以 μ 來表示：

$$\mu = Iab \tag{14.32}$$

任意形狀（圓形、三角形等等）的小平面迴路的向量位勢，也是由 (14.30) 和 (14.31) 式給出，只要我們用下式來代替 Iab：

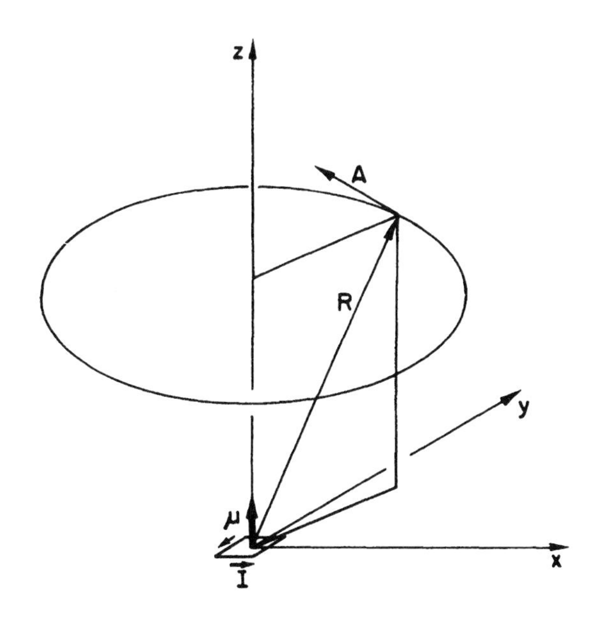

圖 14-8 位於（xy 平面的）原點處，一小電流迴路的向量位勢；一個磁偶極場。

$$\mu = I \cdot (\text{迴路面積}) \tag{14.33}$$

請你們自行證明。

假如我們把 $\boldsymbol{\mu}$ 視作向量，將其方向規定成垂直於迴路平面，並由右手定則給出正的指向（圖 14-8），則可將關於 $\boldsymbol{A}$ 的方程式寫成如下的向量形式：

$$\boldsymbol{A} = \frac{1}{4\pi\epsilon_0 c^2}\frac{\boldsymbol{\mu}\times\boldsymbol{R}}{R^3} = \frac{1}{4\pi\epsilon_0 c^2}\frac{\boldsymbol{\mu}\times\boldsymbol{e}_R}{R^2} \tag{14.34}$$

我們還得求出 $\boldsymbol{B}$。應用 (14.33) 和 (14.34) 式，連同 (14.4) 式可得：

$$B_x = -\frac{\partial}{\partial z}\frac{\mu}{4\pi\epsilon_0 c^2}\frac{x}{R^3} = \cdots\frac{3xz}{R^5} \tag{14.35}$$

（其中我們用…表示 $\mu/4\pi\epsilon_0 c^2$），

$$\begin{aligned} B_y &= \frac{\partial}{\partial z}\left(-\cdots\frac{y}{R^3}\right) = \cdots\frac{3yz}{R^5} \\ B_z &= \frac{\partial}{\partial x}\left(\cdots\frac{x}{R^3}\right) - \frac{\partial}{\partial y}\left(-\cdots\frac{y}{R^3}\right) \\ &= -\cdots\left(\frac{1}{R^3} - \frac{3z^2}{R^5}\right) \end{aligned} \tag{14.36}$$

可見 $\boldsymbol{B}$ 場的分量，與一沿 z 軸的電偶極所產生之 $\boldsymbol{E}$ 場，兩者的行爲完全一樣（見(6.14)和(6.15)式，以及圖 6-4）。這就是我們稱迴路爲磁偶極的緣故。「偶極」這個詞用在磁場時是有些誤導的，因爲**並沒有**與電荷相對應的磁「荷」。磁「偶極場」並不是由兩個「荷」所產生的，而是起因於一電流迴路單元。

然而，事情有些奇怪：從完全不同的兩定律 $\nabla\cdot\boldsymbol{E} = \rho/\epsilon_0$ 和 $\nabla\times\boldsymbol{B} = \boldsymbol{j}/\epsilon_0 c^2$ 出發，我們竟會得出同一類的場。爲何會如此呢？這

是由於，只有當我們遠離所有電荷或電流時，偶極場才會出現。因而在大部分的相關空間中，$\boldsymbol{E}$ 和 $\boldsymbol{B}$ 的方程式是相同的：兩者的散度與旋度均為零。所以，它們便給出同樣的解。然而，我們將其位形歸納為偶極的那些**源**，在物理上卻相當不同——就彼此互相對應的磁場和電場來說，前者的源是一環行電流，後者的源則是位於迴路平面之上與之下的一對電荷。

14-6 電路的向量位勢

有一類電路所產生的磁場，常令我們感興趣，這類電路中，導線的直徑遠小於整個系統的尺寸。在這些情況下，我們可以簡化磁場的方程組。對一細導線來說，我們可以將體積元素寫成

$$dV = S\,ds$$

式中 S 是導線的橫截面積，而 ds 是沿導線的距離元素。因為向量 ds 與 $\boldsymbol{j}$ 方向相同，如圖 14-9 所示（並且我們可以假定 $\boldsymbol{j}$ 對任一指定橫

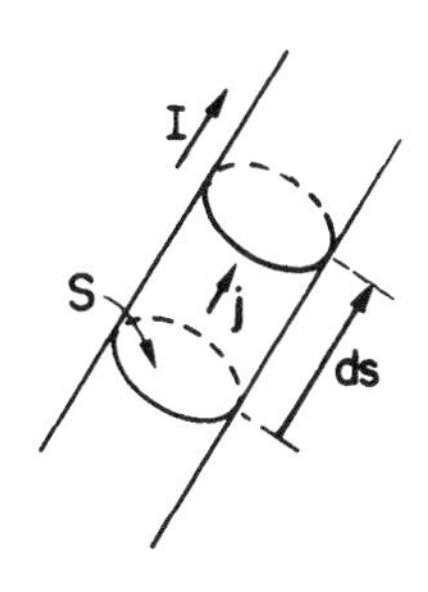

圖 14-9 對於一條細導線來說，$\boldsymbol{j}\,dV$ 與 $I\,ds$ 相同。

截面均不變），於是我們可寫出一個向量方程式：

$$\boldsymbol{j}\,dV = jS\,d\boldsymbol{s} \tag{14.37}$$

但 jS 恰好就是我們所稱的導線中的電流 I，因而向量位勢的積分，即 (14.19) 式，就成為

$$\boldsymbol{A}(1) = \frac{1}{4\pi\epsilon_0 c^2}\int \frac{I\,d\boldsymbol{s}_2}{r_{12}} \tag{14.38}$$

（見圖 14-10）。（我們假定 I 在整個電路上處處相同。假如有幾條各載有不同電流的支路，則對於每條支路當然應各自採用適當的 I。）

再一次，我們可由直接對 (14.38) 式進行積分，或解相對應的靜電學問題，而找出相關的場。

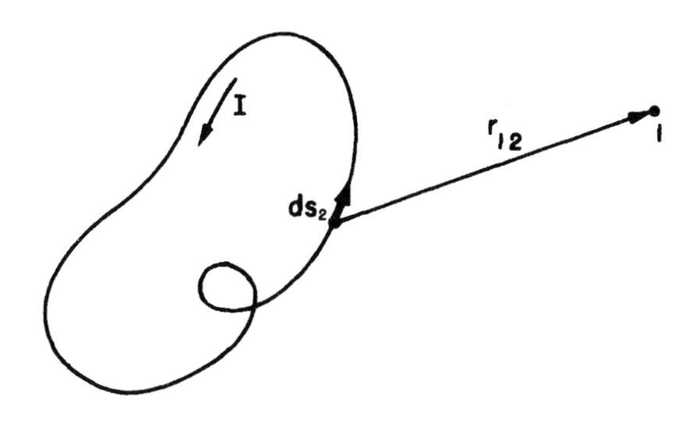

圖 14-10　導線的磁場，可以從對整個電路的積分而得到。

14-7 必歐—沙伐定律

在學習靜電學時，我們知道，對一已知電荷分布的電場，可由 (4.16) 式中的積分

$$\boldsymbol{E}(1) = \frac{1}{4\pi\epsilon_0}\int \frac{\rho(2)\boldsymbol{e}_{12}\,dV_2}{r_{12}^2}$$

直接求出。正如我們曾見到的，要算出此一積分（實際上是三個積分，每一分量各一個），通常比算出位勢的積分並求出它的梯度，要花費較多的功夫。

有一個相似的積分，可以將磁場與電流聯繫在一起。我們已有一個 $\boldsymbol{A}$ 的積分，即(14.19)式；我們可以對等式兩邊取旋度，而得到 $\boldsymbol{B}$ 的積分：

$$\boldsymbol{B}(1) = \nabla \times \boldsymbol{A}(1) = \nabla \times \left[\frac{1}{4\pi\epsilon_0 c^2}\int \frac{\boldsymbol{j}(2)\,dV_2}{r_{12}}\right] \tag{14.39}$$

現在我們必須小心：旋度算符表示取 $\boldsymbol{A}(1)$ 的導數，也就是說，它只對座標 (x_1, y_1, z_1) 進行運算。倘若我們記住，$\nabla\times$這個算符只對下標有 1 的那些變量才進行運算，而這顯然僅出現在

$$r_{12} = [(x_1 - x_2)^2 + (y_1 - y_2)^2 + (z_1 - z_2)^2]^{1/2} \tag{14.40}$$

中，則可以將該算符移進積分符號之內。對 $\boldsymbol{B}$ 的 x 分量可得

$$\begin{aligned} B_x &= \frac{\partial A_z}{\partial y_1} - \frac{\partial A_y}{\partial z_1} \\ &= \frac{1}{4\pi\epsilon_0 c^2}\int\left[j_z\frac{\partial}{\partial y_1}\left(\frac{1}{r_{12}}\right) - j_y\frac{\partial}{\partial z_1}\left(\frac{1}{r_{12}}\right)\right]dV_2 \\ &= -\frac{1}{4\pi\epsilon_0 c^2}\int\left[j_z\frac{y_1 - y_2}{r_{12}^3} - j_y\frac{z_1 - z_2}{r_{12}^3}\right]dV_2 \end{aligned} \tag{14.41}$$

方括弧中的量恰好就是

$$\frac{\boldsymbol{j}\times\boldsymbol{r}_{12}}{r_{12}^3}=\frac{\boldsymbol{j}\times\boldsymbol{e}_{12}}{r_{12}^2}$$

的 x 分量取負號。對其他分量，我們可求得相應的結果，於是有

$$\boldsymbol{B}(1)=\frac{1}{4\pi\epsilon_0c^2}\int\frac{\boldsymbol{j}(2)\times\boldsymbol{e}_{12}}{r_{12}^2}\,dV_2 \tag{14.42}$$

這個積分直接用已知電流表示出 $\boldsymbol{B}$ 。這裡涉及的幾何圖形，與圖 14-2 所示相同。

假若電流只存在於細小導線的電路中，則如同上一節，我們可立即橫過導線截面做積分，即用 $I\,ds$ 代替 $\boldsymbol{j}\,dV$ ，其中 ds 是導線的長度元素。於是，採用圖 14-10 的符號，可得

$$\boldsymbol{B}(1)=-\frac{1}{4\pi\epsilon_0c^2}\int\frac{I\boldsymbol{e}_{12}\times d\boldsymbol{s}_2}{r_{12}^2} \tag{14.43}$$

（負號的出現，是因爲我們顚倒了外積的次序。）這個 $\boldsymbol{B}$ 的方程式，以它的發現者命名，稱爲**必歐—沙伐定律**（Biot-Savart law）。由這個公式，可直接求出載流導線所產生的磁場。

你可能會覺得奇怪：「假如我們可以從一個向量積分直接求出 $\boldsymbol{B}$ 的話，那向量位勢還有什麼用處呢？畢竟，$\boldsymbol{A}$ 也涉及三個積分！」因爲外積的關係，$\boldsymbol{B}$ 的積分往往較爲複雜，這可由 (14.41) 式明顯看出。而且，$\boldsymbol{A}$ 的積分與靜電學中的那些積分類似，我們或許已經有答案了。

最後，我們以後將看到：在更高深的理論題材，例如相對論、力學定律的更高級表述形式（像以後會討論到的最小作用量原理以及量子力學），向量位勢扮演著重要的角色。

第15章 向量位勢

15-1 作用在電流迴路上的力；偶極的能量

上一章中，我們研究了一個小矩形電流迴路所產生的磁場。我們發現它是一個偶極場，其偶極矩爲

$$\mu = IA \tag{15.1}$$

式中 I 爲電流，而 A 爲迴路面積。這個偶極的方向垂直於迴路所在的面積，因而可寫成

$$\boldsymbol{\mu} = IA\mathbf{n}$$

式中 $\mathbf{n}$ 爲面積 A 的單位法向量。

一個電流迴路，也就是磁偶極，不僅會產生磁場，而且當置於其他電流的磁場中時，也將感受到力的作用。我們首先考察一矩形迴路在一均勻磁場中所受的力。設 z 軸沿磁場方向，而迴路平面通過 y 軸，且與 xy 面成 θ 角，如圖 15-1 所示。於是垂直於迴路平面的磁矩，就將與磁場成 θ 角。

由於矩形對邊上的電流方向相反，所受的力也將反向，所以（當磁場均勻時）不會有淨力作用在迴路上。然而，因爲有作用在圖上標明爲 1 和 2 的兩邊上的力，故存在一個傾向於使迴路繞 y 軸旋轉的力矩。F_1 和 F_2 這兩個力的大小爲

$$F_1 = F_2 = IBb$$

其矩臂爲

$$a \sin \theta$$

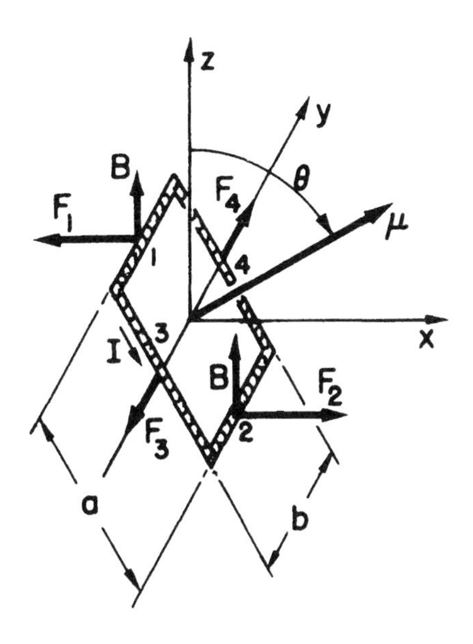

圖 15-1 一個通有電流的矩形迴路，位於一均勻磁場 $\boldsymbol{B}$ 中（磁場方向沿 z 方向上）。作用於迴路的力矩為 $\boldsymbol{\tau} = \boldsymbol{\mu} \times \boldsymbol{B}$ ，其中磁矩 $\mu = Iab$ 。

因而力矩爲

$$\tau = Iab\,B \sin\theta$$

因 Iab 是迴路的磁矩，上式可表成

$$\tau = \mu B \sin\theta$$

此力矩亦可表成向量形式：

$$\boldsymbol{\tau} = \boldsymbol{\mu} \times \boldsymbol{B} \tag{15.2}$$

雖然我們只是在一個相當特殊的情況下，證明了力矩是由 (15.2) 式給出，但我們將看到，這個結果對任何形狀的小迴路都成立。對作用在一電偶極上的力矩，有同一類的關係式

$$\boldsymbol{\tau} = \boldsymbol{p} \times \boldsymbol{E}$$

現在，我們要論及此電流迴路的力學能。既然存在一力矩，能量顯然與取向有關。虛功原理說，力矩為能量對於角度的變化率，因而我們可寫出

$$dU = \tau\, d\theta$$

令 $\tau = \mu B \sin\theta$，然後積分，則能量可表成

$$U = -\mu B \cos\theta + 常數 \tag{15.3}$$

（上式中的負號，是因為力矩試圖使磁矩旋轉至與磁場同向；當 $\boldsymbol{\mu}$ 與 $\boldsymbol{B}$ 平行時，能量最低。）

這個能量並**不是**電流迴路的總能量，原因將在下文論及。（原因之一是，我們未曾考慮維持迴路中電流的那部分能量。）因此我們將這一能量稱為 $U_{力學}$，就是要提醒我們，它只是能量的一部分。而且，反正無論如何，我們是遺漏了某些能量，何不乾脆令(15.3)式中的常數等於零。因此可將該式表成：

$$U_{力學} = -\boldsymbol{\mu} \cdot \boldsymbol{B} \tag{15.4}$$

再次的，上式對應到電偶極的結果

$$U = -\boldsymbol{p} \cdot \boldsymbol{E} \tag{15.5}$$

有一點要注意：(15.5)式中的靜電能 U 是眞實的能量，但(15.4)式中

的 $U_{力學}$ 則不是眞實的能量。然而，假設迴路中的電流，或至少 μ，保持不變的話，憑藉虛功原理，我們仍可用它來算出力。

我們能證明：對矩形迴路而言，$U_{力學}$ 也相當於將該迴路移進磁場所需做的力學功。只有在均勻磁場中，作用在迴路上的總力才等於零；在非均勻場中，則有一淨力作用在載流迴路上。在將迴路置於場中時，我們勢必經過場並非均勻的區域，因而做了功。爲簡化計算，我們設想迴路被移進場內時，磁矩與磁場同向。（在到達指定位置後，可將它旋轉至最後方向。）

設想我們欲使迴路沿 x 方向移動，移至磁場較強的區域，而迴路的指向如圖 15-2 所示。我們從場等於零的某處出發，並把迴路進入磁場時所受的力對於移動的距離積分。

首先，讓我們分別計算對每邊所做的功，然後求其和（而非在積分前先將力加起來）。施於邊 3 和邊 4 上的力與運動方向垂直，所以並未做功。邊 2 在 x 方向上受了 $IbB(x)$ 的力，因此要得到抵抗

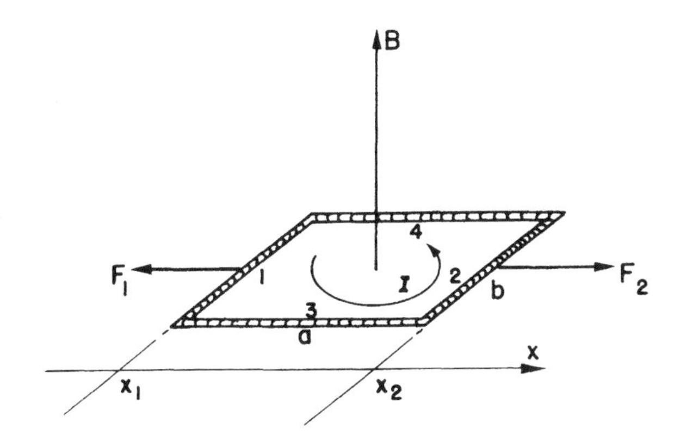

圖 15-2 一個迴路沿 x 方向運動，通過與 x 軸成直角的 $\boldsymbol{B}$ 場。

磁力所做的功，就必須從場爲零的某處，比如 $x = -\infty$，積到它目前的位置 x_2，

$$W_2 = -\int_{-\infty}^{x_2} F_2\,dx = -Ib\int_{-\infty}^{x_2} B(x)\,dx \tag{15.6}$$

同理，爲抵抗磁力而作用在邊 1 上的功爲

$$W_1 = -\int_{-\infty}^{x_1} F_1\,dx = Ib\int_{-\infty}^{x_1} B(x)\,dx \tag{15.7}$$

爲求得每一積分，我們需要知道 $B(x)$ 是如何依賴於 x 的。但得注意：邊 1 緊接在邊 2 之後，因而對它的積分就包括作用於邊 2 上之功的大部分。事實上，(15.6) 式與 (15.7) 式之和恰好就是

$$W = -Ib\int_{x_1}^{x_2} B(x)\,dx \tag{15.8}$$

但若我們處於一個區域，其中 B 在邊 1 與邊 2 幾乎相等，則可將積分表成

$$\int_{x_1}^{x_2} B(x)\,dx = (x_2 - x_1)B = aB$$

式中 B 是迴路中心處的磁場。我們加入的總力學能等於

$$U_{力學} = W = -IabB = -\mu B \tag{15.9}$$

此一結果，與 (15.4) 式中所取的能量是一致的。

當然，若將作用在迴路上的力先加起來再進行積分，以求得所做的功，我們也該得到同樣的結果。如果令 B_1 與 B_2 分別爲邊 1 和

邊 2 上的磁場，則沿 x 方向的總力爲

$$F_x = Ib(B_2 - B_1)$$

若迴路很「小」，即 B_2 與 B_1 相差不多，則有

$$B_2 = B_1 + \frac{\partial B}{\partial x}\Delta x = B_1 + \frac{\partial B}{\partial x}a$$

因而，力就是

$$F_x = Iab\frac{\partial B}{\partial x} \tag{15.10}$$

由**外**力對迴路所做的總功爲

$$-\int_{-\infty}^{x} F_x\, dx = -Iab\int \frac{\partial B}{\partial x}dx = -IabB$$

這又恰好是 $-\mu B$。直到此刻，我們才看出爲何作用在一小載流迴路上的**力**，與磁場的微分成正比，正如我們從

$$F_x\Delta x = -\Delta U_{力學} = -\Delta(-\boldsymbol{\mu}\cdot\boldsymbol{B}) \tag{15.11}$$

中能預料到的。

於是我們得到下述結果：即使 $U_{力學} = -\mu \cdot \boldsymbol{B}$ 並未包括系統的全部能量，這可說是一種冒牌的能量，但我們仍可以用它和虛功原理一起求出作用在穩定載流迴路上的力。

15-2 力學能與電能

我們接著想來證明，爲什麼上一節所討論的能量 $U_{力學}$ 並非與穩定電流相關的正確能量——它並未追蹤世界上一切的能量。我們

的確曾強調：**只要**迴路中的電流（以及所有**其他**電流）都不變的話，則可將 $U_{力學}$ 視爲能量，而用虛功原理來求出作用力。

設想圖 15-2 中的迴路正沿著 $+x$ 方向運動，並令 $\boldsymbol{B}$ 的方向沿著 z 軸。在邊 2 中的傳導電子將感受到一個沿著導線，即 y 方向上的力。但由於這些電子的運動形成了電流，將有一個與此力同向的運動分量。因此，每一個電子將獲得功率爲 $F_y v_y$ 的功，其中 v_y 是電子沿導線的速度分量。我們把作用在電子上的這種功，稱爲**電**功（electrical work）。然而事實表明：假如迴路是在**均勻**磁場中運動，則總電功等於零；因爲若有正功作用在迴路的某部分，則有等量的負功作用在其他部分。但假如電路是在一非均勻場中運動，則前述就不正確了──此時**將**會有淨功作用在電子上。一般說來，這個功傾向於改變電子的流動，但假若電流維持不變，則能量必然會被維持電流穩定的電池組或其他電源所吸收或釋放出來。當我們由 (15.9) 式計算 $U_{力學}$ 時，此能量並未被包括在內，因爲我們的計算僅包括施於導線整體上的力學力。

你可能會認爲：作用在電子上的力，取決於導線運動得多**快**；若導線運動得足夠慢，也許便可略去此一電能。確實，電能授予的**變化率**與導線的速率成正比，但所授予的**總**能量也與此一變化率持續的**時間**成正比。因此，總電能正比於「速度乘時間」，正好是移動的距離。在場中移動一給定距離，所做的電功都是等量的。

讓我們考慮一段單位長度的導線，其中通有電流 I，並以速率 $v_{導線}$ 沿著與本身及磁場均垂直的方向運動。由於電流的存在，導線中的電子將具有一個沿導線的漂移速度 $v_{漂移}$。對每一個電子在漂移方向上所施的磁力爲 $q_e v_{導線} B$，因此所做的電功的變化率爲 $Fv_{漂移} = (q_e v_{導線} B) v_{漂移}$。假設每單位長度的導線中有 N 個傳導電子，則做出電功的總變化率便是

$$\frac{dU_{電}}{dt} = Nq_e v_{導線} B v_{漂移}$$

但 $Nq_e v_{漂移} = I$，也就是導線中的電流，因而有

$$\frac{dU_{電}}{dt} = I v_{導線} B$$

既然電流維持恆定，施於傳導電子上的力，並未使電子加速；所以此電能就不是歸電子所有，而是歸於維持電流不變的電源了。

但得注意：施於導線上的力爲 IB，因而 $IBv_{導線}$ 也是對導線所做的**力學功**的變化率，即 $dU_{力學}/dt = IBv_{導線}$。因此我們斷言：對導線所做的力學功，恰好等於對電源所做的電功，因此迴路的能量**是一個常數**！

這並非巧合，而是我們已知定律的結果。作用在導線中每一個電子上的總力爲

$$\boldsymbol{F} = q(\boldsymbol{E} + \boldsymbol{v} \times \boldsymbol{B})$$

而所做的功的變化率則爲

$$\boldsymbol{v} \cdot \boldsymbol{F} = q[\boldsymbol{v} \cdot \boldsymbol{E} + \boldsymbol{v} \cdot (\boldsymbol{v} \times \boldsymbol{B})] \tag{15.12}$$

假如沒有電場，我們只有第二項，而此項永遠爲零。我們以後將見到，**變化中的**磁場會產生電場，因此我們的論證只適用於在穩定磁場中運動的導線。

那麼，虛功原理怎麼會給出正確的答案呢？因爲我們**仍**未考慮世界上的**總**能量；我們未曾把電流能量包括在內，這個電流正在產生一開始就存在的磁場。

設想有一個如圖 15-3(a) 所示的完整系統，我們正在將帶有電流 I_1 的迴路，移進由線圈中的電流 I_2 所產生的磁場 $\boldsymbol{B}_1$ 中。迴路中的電流也將在線圈中產生某一磁場 $\boldsymbol{B}_2$。假如迴路正在移動，則場 $\boldsymbol{B}_2$ 將發生變化。正如我們在下一章中將見到的，一個變化中的磁場將產生一個 $\boldsymbol{E}$ 場；而此 $\boldsymbol{E}$ 場將對導線中的電荷做功。此一能量也應該包括在我們的總能量平衡表中。

我們本來可以等到下一章，才找出這個新的能量項，但若按照下述方式應用相對性原理，也能看出它應該是怎樣的。當我們將迴

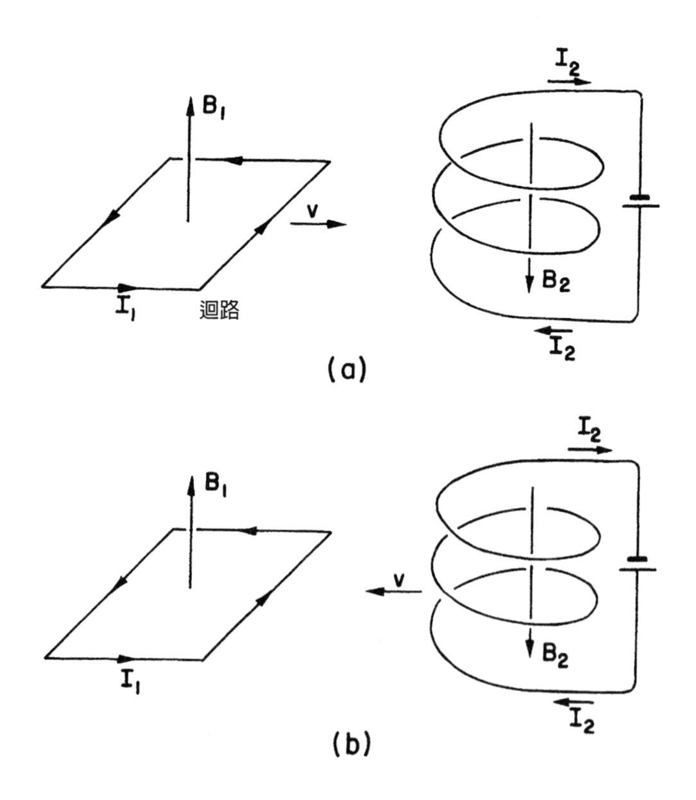

圖 15-3　求出小型迴路在磁場中的能量

路移向靜止線圈時，我們知道迴路中的電能恰與所做的力學功等量、且正負號相反，所以

$$U_{\text{力學}} + U_{\text{電}}(\text{迴路}) = 0$$

現在假設我們從一個不同的觀點來考量所發生的事情，即迴路靜止不動，而是線圈移向它。此時線圈被移進迴路所產生的場中。利用相同的論證，可得到

$$U_{\text{力學}} + U_{\text{電}}(\text{線圈}) = 0$$

上述兩種情況中所做的力學能相同，因為它來自於兩電路之間的力。

前兩式的和為

$$2U_{\text{力學}} + U_{\text{電}}(\text{迴路}) + U_{\text{電}}(\text{線圈}) = 0$$

整個系統的總能量，當然就是兩項電能，加上只計算**一次**的力學能。因此我們有

$$U_{\text{總}} = U_{\text{電}}(\text{迴路}) + U_{\text{電}}(\text{線圈}) + U_{\text{力學}} = -U_{\text{力學}} \tag{15.13}$$

世界中的總能量確實等於 $U_{\text{力學}}$ 的**負值**。比方說，若我們想要一磁偶極的眞實能量，我們應寫成

$$U_{\text{總}} = +\boldsymbol{\mu}\cdot\boldsymbol{B}$$

只有在所有電流都維持不變的條件下，我們才能以部分的能量，也就是 $U_{\text{力學}}$（它總是等於眞實能量的負值），來求得力學力。在更普遍的問題中，我們必須仔細的將所有能量都考慮到。

在靜電學中，我們見過類似的情形。我們曾證明：一個電容器

的能量等於 $Q^2/2C$。當我們用虛功原理找出電容器兩平板之間的力時，能量的改變等於 $Q^2/2$ 乘以 $1/C$ 的改變，即

$$\Delta U = \frac{Q^2}{2}\Delta\left(\frac{1}{C}\right) = -\frac{Q^2}{2}\frac{\Delta C}{C^2} \tag{15.14}$$

現在假設我們要在不同的條件下，即限制兩導體之間的電壓保持不變，計算移動它們時所做的功。那麼若我們刻意做一些非自然的事，仍可以利用虛功原理求得正確的力。既然 $Q = CV$，眞實的能量就是 $\frac{1}{2}CV^2$。但我們若人爲的將 $-\frac{1}{2}CV^2$ 定義成能量，則只要堅持使電壓 V 維持不變，並令這一刻意定義出來的能量變化等於力學功，便可用虛功原理求出力。於是有

$$\Delta U_{力學} = \Delta\left(-\frac{CV^2}{2}\right) = -\frac{V^2}{2}\Delta C \tag{15.15}$$

上式與 (15.14) 式相同。即使我們忽略了爲維持電壓不變而由電系統所做的功，仍然可得到正確的答案。再次的，此一電能正好等於力學能的兩倍、且正負號相反。

於是，若我們不管電壓源必須做功以維持電壓不變這個事實，而人爲的進行計算，則仍可得到正確的答案。這與靜磁學中的情形完全類似。

15-3 穩定電流的能量

現在，我們可以用 $U_{總} = -U_{力學}$ 此一知識，找出穩定電流在磁場中的眞實能量。我們可以從一個小電流迴路的眞實能量出發。把 $U_{總}$ 簡稱爲 U，於是有

$$U = \boldsymbol{\mu} \cdot \boldsymbol{B} \tag{15.16}$$

雖然我們是從一平面矩形迴路計算得到上述能量，但對任意形狀的平面小迴路均有同樣的結果。

我們可以將任意形狀的電路，想像成是由許多小電流迴路構成，而找出其能量。比方說有一條導線，形狀如圖 15-4 中的迴路 Γ 所示。我們用一個表面 S 來塡滿該曲線，並在這個表面上畫出大量的小型迴路，其中**每一**個都可認爲是平坦的。如果讓電流 I 沿**每一**小迴路環行，淨結果將與電流環繞 Γ 相同，因爲 Γ 之內的所有線段上的電流都互相抵消。就物理上說，這許多小電流所形成的系統，與原來的電路是無從區別的；故其能量也必須相同，即後者的能量正好是所有小迴路的能量之和。

設每一小迴路的面積爲 Δa，其能量就是 $I\,\Delta a B_n$，其中 B_n 是垂直於 Δa 的分量。總能量爲

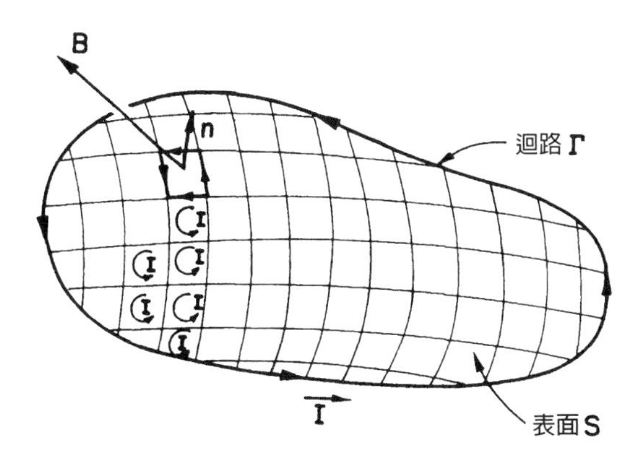

圖 15-4 大型迴路在磁場中的能量，可以認為是許多小型迴路的能量之和。

$$U = \sum IB_n \Delta a$$

考慮無限小迴路的極限情況，求和變成了積分，即

$$U = I\int B_n\, da = I\int \boldsymbol{B}\cdot\boldsymbol{n}\, da \tag{15.17}$$

式中 $\boldsymbol{n}$ 是垂直於 da 的單位向量。

如果代入 $\boldsymbol{B} = \boldsymbol{\nabla}\times\boldsymbol{A}$，利用斯托克斯定理

$$I\int_S (\boldsymbol{\nabla}\times\boldsymbol{A})\cdot\boldsymbol{n}\, da = I\oint_\Gamma \boldsymbol{A}\cdot d\boldsymbol{s} \tag{15.18}$$

式中 $d\boldsymbol{s}$ 是沿著 Γ 的線元素，我們可將面積分轉換成線積分。故我們得到任意形狀電路的能量爲

$$U = I\oint_{\text{電路}} \boldsymbol{A}\cdot d\boldsymbol{s} \tag{15.19}$$

在上式中，$\boldsymbol{A}$ 當然是指在導線處產生 $\boldsymbol{B}$ 場的那些電流（而非導線中的電流 I）所造成的向量位勢。

現在，穩定電流的任意分布，都可想成是由平行於電流方向的細微電流構成。就每一對這樣的電路來說，能量由 (15.19) 式給出，式中的積分是沿其中一個電路來求的，而向量位勢 $\boldsymbol{A}$ 來自另一個電路。爲求得總能量，我們需要所有成對電路之和。如果不從電路對著手，而把所有細微電流都加起來，則能量將被計算兩遍（我們曾在靜電學中見過類似的效應），於是總能量可表成

$$U = \frac{1}{2}\int \boldsymbol{j} \cdot \boldsymbol{A}\, dV \tag{15.20}$$

上式相當於我們以前從靜電能找到的結果

$$U = \frac{1}{2}\int \rho\phi\, dV \tag{15.21}$$

因此，假如我們願意，便可將 $\boldsymbol{A}$ 看成是靜磁學中的一種位能。可惜，這一概念不大有用，因爲只適用於靜場。事實上，當場隨時間變化時，無論是 (15.20) 或 (15.21) 式，都無法給出正確的能量。

15-4 *B* 與 *A* 的對比

在這一節中，我們要討論下述問題：向量位勢僅只是一種有用的計算工具——如同靜電學中的純量勢，還是一個「眞實的」場？磁場能夠對運動中的質點施加力，難道它不是「眞實的」場嗎？首先我們應該說，「一個眞實的場」這種說法並無多大意義。其一，你也許從未覺得磁場十分「眞實」，因爲甚至「場」這一概念本來就相當抽象。你伸出手來，也無法感受磁場的存在。更且，磁場的值也不是十分確定；比方說，經由選用適當的運動座標系，你可以使某一指定點處的磁場消失。

我們這裡所謂「眞實的」場，指的是：一個眞實的場，是我們爲避免超距作用此一概念，而使用的一種數學函數。假設在 P 處有一帶電質點，它會受到與 P 相距某段距離的其他電荷的影響。描述此交互作用的一種方法是說：其他電荷在 P 的周圍會造成一種「狀態」，無論那種狀態是什麼。倘若知道該狀態，即經由給出電場和磁場來加以描述，那麼我們便能完全確定質點的行爲，用不著進一步追問那些狀態是如何產生的。

換句話說，若其他電荷發生了某種變化，但由電場與磁場所描述處的那些狀態保持不變，則 P 處電荷的運動仍然相同。由此看來，一個眞實的場就是一組數字，我們對其規定如下：在**某一點上**所發生的事情，只取決於**在那一點**上的這些數字。我們並不需要再知道其他地方正在發生的事情。正是從這個意義上，我們將討論向量位勢是否是一種「眞實的」場。

你也許會對下述事實感到疑惑：向量位勢並不是獨一無二的，它可以因加上任一純量的梯度而改變，但仍絲毫不改變作用在質點上的力。然而，那與我們現在所談的這種意義上的眞實性問題毫不相干。舉例而言，磁場（$\boldsymbol{E}$ 和 $\boldsymbol{A}$ 場亦然）在某種意義上，可以經由相對性變換而改變。但我們卻不會擔心，假如場**可以**這樣改變的話，將發生什麼事。那實際上並不會造成任何不同；且與向量位勢是否是一種用來描述磁場的合適、「眞實」場，或只是一個有用的數學工具，此一問題毫不相干。

我們應該對向量位勢 $\boldsymbol{A}$ 的用處再論述一番。我們已見到，利用向量位勢 $\boldsymbol{A}$ ，並以一種正式的程序，即可算出已知電流的磁場，正如同可用 ϕ 找出電場。在靜電學中，我們知道 ϕ 可用純量積分表出：

$$\phi(1)=\frac{1}{4\pi\epsilon_0}\int\frac{\rho(2)}{r_{12}}\,dV_2 \tag{15.22}$$

經由三次微分運算，便可從 ϕ 得到 $\boldsymbol{E}$ 的三個分量。這個程序，通常要比在下列向量式中算出三個積分更易於處理：

$$\boldsymbol{E}(1)=\frac{1}{4\pi\epsilon_0}\int\frac{\rho(2)\boldsymbol{e}_{12}}{r_{12}^2}\,dV_2 \tag{15.23}$$

因爲，首先要算三個積分；其次，每個積分通常又比較難算。

對靜磁學來說，優點遠沒有那麼明顯。$\boldsymbol{A}$ 的積分已經是一個向量積分：

$$\boldsymbol{A}(1) = \frac{1}{4\pi\epsilon_0 c^2}\int \frac{\boldsymbol{j}(2)\, dV_2}{r_{12}} \tag{15.24}$$

這當然是三個積分。而且，當我們取 $\boldsymbol{A}$ 的旋度以得到 $\boldsymbol{B}$ 時，我們必須算出六個微分，並把它們倆倆結合在一起。在大多數的問題中，無法立即看出這個程序是否比直接從下式計算 $\boldsymbol{B}$ 來得容易：

$$\boldsymbol{B}(1) = \frac{1}{4\pi\epsilon_0 c^2}\int \frac{\boldsymbol{j}(2) \times \boldsymbol{e}_{12}}{r_{12}^2}\, dV_2 \tag{15.25}$$

對於簡單的問題，應用向量位勢通常較困難，理由如下。假設我們只對一點上的磁場 $\boldsymbol{B}$ 感興趣，而問題又具備某種優美的對稱性——比方說，我們想求出一環形電流中心軸上某一點的場。由於對稱性，我們可以容易的算出 (15.25) 式的積分而得到 $\boldsymbol{B}$。然而，假如我們先算出 $\boldsymbol{A}$，則還得從 $\boldsymbol{A}$ 的**微分**算出 $\boldsymbol{B}$，因此我們必須知道我們感興趣的那一點**周圍**所有點上的 $\boldsymbol{A}$ 值。而這些點大多數都落在對稱軸之外，因而使 $\boldsymbol{A}$ 的積分變得複雜。例如在圓環問題中，我們必須用到橢圓積分。在這類問題中，$\boldsymbol{A}$ 顯然不是很有用。無可否認，在解很多複雜的問題時，用 $\boldsymbol{A}$ 來計算會比較容易；但這麼一點技術上的方便性，似乎難以說服你得多學一種向量場。

我們引入 $\boldsymbol{A}$，是因爲它**確實**具有重要的物理意義。它不僅與電流的能量有關，如同我們在上一節已見到的，而且它還是前文提及的那種意義上的「眞實」物理場。在古典力學中，顯然我們可以將作用在一質點上的力表成

$$\boldsymbol{F} = q(\boldsymbol{E} + \boldsymbol{v} \times \boldsymbol{B}) \tag{15.26}$$

因而給出力，關於運動的一切便都決定了。在 $\boldsymbol{B} = 0$ 的區域內，即使 $\boldsymbol{A}$ 不為零——比如在一螺線管外面，亦不存在可察覺到的 $\boldsymbol{A}$ 之效應。因此有一段很長的時間，大家總認為 $\boldsymbol{A}$ 不是「真實的」場。然而量子力學中的一些現象卻表明：$\boldsymbol{A}$ 的確就是我們所定義的那種意義上的「真實」場。在下一節，我們將跟你說明那是怎麼一回事。

15-5 向量位勢與量子力學

當我們從古典力學過渡到量子力學時，對於什麼概念才算重要，有著很大的改變。我們在第I卷曾談及其中的一些；尤其是，力的概念逐漸消失，而能量與動量的概念則變成最重要。你應當還記得，我們處理的不再是質點的運動，而是隨空間與時間變化的機率幅（probability amplitude）。在這些機率幅中，既有與動量相關的波長，又有與能量相關的頻率。因此，決定波函數相位的動量與能量，就成為量子力學中重要的量。我們處理的不再是力，而是交互作用如何改變波的波長。力的概念變成相當次要——假如它還存在的話。舉例而言，當有人談論核力時，他們通常加以分析和研究的是兩核子的交互作用能，而非核子之間的力。從來沒有人對能量取微分，來找出力的情況。

在這一節中，我們將討論向量位勢與純量勢是如何進入量子力學的。事實上，正因為動量與能量在量子力學中扮演著關鍵角色，才使得 $\boldsymbol{A}$ 和 ϕ 提供了最直接的途徑，把電磁效應引進量子描述中。

我們必須稍加複習量子力學是如何運作的。我們將再次考慮第I卷第37章中描述的想像實驗，電子經兩道狹縫而產生繞射。這個裝置再次展現於圖15-5中。能量幾乎相同的電子離開發射源，朝有兩個狹縫的一堵牆前進。牆後有一個「捕捉屏」，上面裝著活動偵測器。

這個偵測器是用來測量電子落在捕捉屏，在距對稱軸上下 x 距離的一小區域內的變化率，我們稱之爲 I。這個變化率正比於個別電子離開發射源之後、到達捕捉屏上那個區域的機率。這個機率的分布看起來很複雜，如圖中所示，我們認爲這是由兩個機率幅的干涉所造成的，這兩個機率幅各來自兩狹縫。兩機率幅的干涉取決於它們的相位差；亦即，若機率幅分別爲 $C_1e^{i\Phi_1}$ 與 $C_2e^{i\Phi_2}$，那麼相位差 $\delta = \Phi_1 - \Phi_2$ 就決定了干涉圖樣（見第I卷的(29.12)式）。設屏障與狹縫之間的距離爲 L，又通過兩狹縫的電子的路徑長相差 a，如圖所示，則此兩波的相位差爲

$$\delta = \frac{a}{\lambda} \tag{15.27}$$

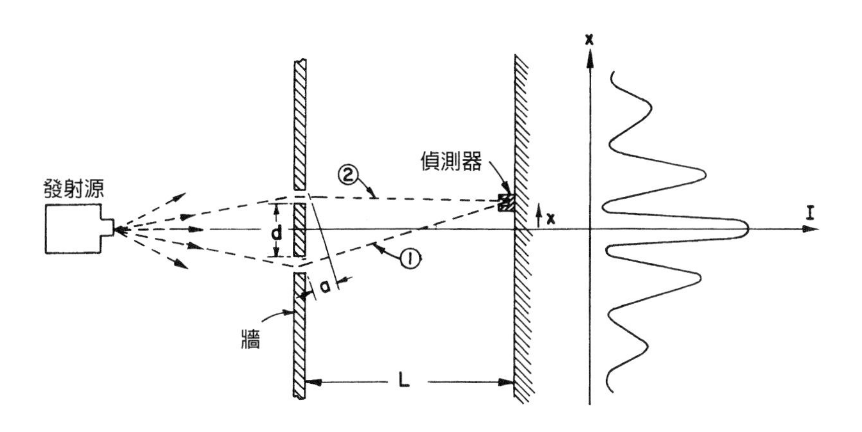

圖15-5 以電子進行的干涉實驗（同時見第I卷第37章）

如往例，我們令 $\lambda\!\!\!^{-} = \lambda/2\pi$ ，其中 λ 是機率幅的空間變化的波長。爲簡單起見，我們只考慮那些遠小於 L 的 x 值；這樣便可令

$$a = \frac{x}{L} d$$

及

$$\delta = \frac{x}{L} \frac{d}{\lambda\!\!\!^{-}} \tag{15.28}$$

當 x 等於零時， δ 爲零；兩波同相，因而機率有極大值。當 x 等於 π 時，兩波異相，它們之間有破壞性干涉，因而機率爲最小值。如此我們便得到電子強度的波狀函數。

現在，我們將陳述量子力學中，代替力 $\boldsymbol{F} = q\boldsymbol{v} \times \boldsymbol{B}$ 的定律。這將是決定具有量子力學特性的質點在電磁場中的行爲的定律。既然凡發生之事均由機率幅決定，此定律必須告訴我們磁的影響如何改變機率幅；我們不再涉及質點的加速度。此定律如下：沿任一軌跡到達的機率幅，其相位因磁場存在而改變的量，等於向量位勢沿整個軌跡的積分乘以該質點的電荷再除上約化普朗克常數，即

$$\text{磁相位變化} = \frac{q}{\hbar} \int_{\text{軌跡}} \boldsymbol{A} \cdot d\boldsymbol{s} \tag{15.29}$$

假如不存在磁場，波抵達時將有確定的相位。假如某處存在磁場，則抵達波的相位增加量將如 (15.29) 式的積分所示。

儘管對我們目前的討論用不上，我們還是要提及，靜電場的效應會產生一個純量勢 ϕ 對時間積分的負值的相位改變：

$$電相位變化 = -\frac{q}{\hbar}\int \phi\, dt$$

以上兩式不僅對靜場是正確的，而且合起來對**任意**電磁場，無論是靜的或動的場，都能給出正確的結果。這就是用來取代 $\boldsymbol{F} = q(\boldsymbol{E}+\boldsymbol{v}\times\boldsymbol{B})$ 的定律。不過我們現在只考慮靜磁場。

假設在雙狹縫實驗中存在磁場。我們想要問，穿越兩狹縫的兩波在抵達屏上時的相位為何。兩波的干涉將決定機率的極大值出現在何處。我們稱沿軌跡 (1) 的波之相位為 Φ_1。設 $\Phi_1(B=0)$ 為不存在磁場時的相位，則當加上磁場時，此相位為

$$\Phi_1 = \Phi_1(B = 0) + \frac{q}{\hbar}\int_{(1)} \boldsymbol{A}\cdot d\boldsymbol{s} \tag{15.30}$$

同理，軌跡 (2) 的相位為

$$\Phi_2 = \Phi_2(B = 0) + \frac{q}{\hbar}\int_{(2)} \boldsymbol{A}\cdot d\boldsymbol{s} \tag{15.31}$$

兩波在偵測器上的干涉，取決於相位差

$$\delta = \Phi_1(B = 0) - \Phi_2(B = 0) + \frac{q}{\hbar}\int_{(1)} \boldsymbol{A}\cdot d\boldsymbol{s} - \frac{q}{\hbar}\int_{(2)} \boldsymbol{A}\cdot d\boldsymbol{s} \tag{15.32}$$

我們稱無場相位差為 $\delta(B = 0)$；恰好就是我們在上面 (15.28) 式中算得的相位差。並且我們注意到，這兩個積分可以寫成**一個**沿軌跡 (1) 向前進，且沿軌跡 (2) 返回來的積分；我們稱此為閉合路徑 (1-2)。因而有

$$\delta = \delta(B = 0) + \frac{q}{\hbar}\oint_{(1-2)} \boldsymbol{A} \cdot d\boldsymbol{s} \tag{15.33}$$

上式告訴我們，電子運動如何為磁場所改變；我們可用它找出捕捉屏上強度極大值和極小值的新位置。

但在做這件事之前，我們想提出下述有趣的重點。你們當記得向量位勢函數具有某種任意性。相差為某純量函數之梯度 $\nabla\psi$ 的兩個向量位勢函數 $\boldsymbol{A}$ 和 $\boldsymbol{A}'$，都可代表同一個磁場，因為梯度的旋度等於零。因此它們給出同樣的古典力 $q\boldsymbol{v} \times \boldsymbol{B}$。假如在量子力學中有關效應取決於向量位勢，那麼在許多可能的 $\boldsymbol{A}$ 函數中，**哪一個**才是正確的？

答案是：$\boldsymbol{A}$ 的任意性在量子力學中繼續存在。假如我們將 (15.33) 式中的 $\boldsymbol{A}$ 改成 $\boldsymbol{A}' = \boldsymbol{A} + \nabla\psi$，則對 $\boldsymbol{A}$ 的積分變成

$$\oint_{(1-2)} \boldsymbol{A}' \cdot d\boldsymbol{s} = \oint_{(1-2)} \boldsymbol{A} \cdot d\boldsymbol{s} + \oint_{(1-2)} \nabla\psi \cdot d\boldsymbol{s}$$

$\nabla\psi$ 的積分仍環繞**閉合**路徑 (1-2)，但根據斯托克斯定理，梯度的切向分量沿一閉合路徑的積分總是等於零。因此 $\boldsymbol{A}$ 和 $\boldsymbol{A}'$ 兩者都給出相同的相位差以及相同的量子力學干涉效應。在古典和量子理論中，都是只有 $\boldsymbol{A}$ 的旋度才有影響；任意選擇的 $\boldsymbol{A}$ 函數只要具備正確的旋度，都能給出正確的物理結果。

假如我們引用第 14-1 節中的結果，也明顯會有相同的結論。在那兒，我們曾找出 $\boldsymbol{A}$ 沿一閉合路徑的積分等於穿過該路徑的 $\boldsymbol{B}$ 之通量，在這裡即穿過路徑 (1) 與 (2) 之間的通量。假如我們願意，可以將 (15.33) 式寫成

$$\delta = \delta(B = 0) + \frac{q}{\hbar}\,[\text{在路徑 (1) 與 (2) 之間的 } \boldsymbol{B} \text{ 通量}] \qquad (15.34)$$

式中的 ***B*** 通量，依慣例指 ***B*** 的法向分量的面積分。此一結果僅取決於 ***B*** ，因而也僅取決於 ***A*** 的旋度。

既然我們用 ***A*** 或 ***B*** 都能表達出結果，你們也許傾向於認爲 ***B*** 本身依舊是「眞實的」場，而 ***A*** 仍可視爲是人造之物。但我們原來提出的關於「眞實場」的定義，是基於「眞實場」不應對一質點施加超距作用此一概念。然而，我們可舉出一個例子，其中在有某種機會找到質點的任意地方， ***B*** 都等於零或是任意小，因而不可能設想磁場會**直接**作用在質點上。

你們當記得，對一通有電流的長螺線管，管內存在 ***B*** 場，而管外則無，但卻有許多 ***A*** 環繞在管的外面，如圖 15-6 所示。假如我

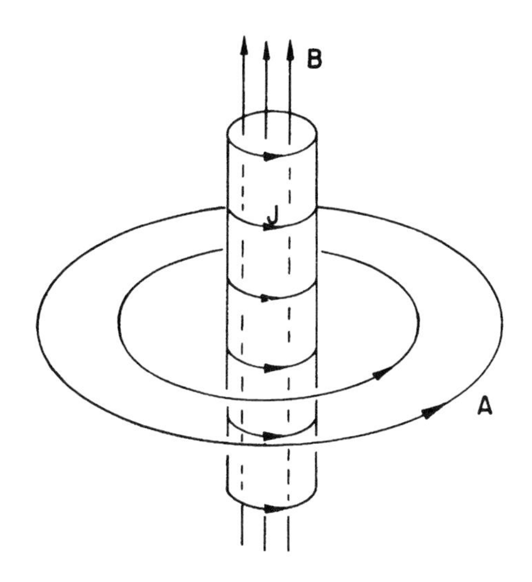

圖 15-6　長螺線管的磁場與向量位勢

們安排一種情況，使得電子只出現在螺線管之**外**——即只有 $\boldsymbol{A}$ 的地方，則按照 (15.33) 式，仍將對運動造成影響。就古典概念而言，這是不可能的。古典概念認爲：力僅取決於 $\boldsymbol{B}$；若要知道該螺線管通有電流，則必須使質點穿過它。但就量子力學概念而言，你只要從螺線管的周圍經過，甚至不需靠近，就可察覺它的內部存在磁場！

假設我們將一個直徑很小的長螺線管正好放在牆後面兩狹縫之間的位置，如圖 15-7 所示。螺線管的直徑遠小於兩狹縫的間距 d。在這種情況下，電子在狹縫上的繞射，不會提供使電子接近螺線管的可觀機率。這對我們的干涉實驗將造成什麼影響呢？

我們比較螺線管帶有電流和不帶有電流這兩種情形。若沒有電流，我們便不會有 $\boldsymbol{B}$ 或 $\boldsymbol{A}$，因而在捕捉屏上就得到原來的電子強度圖樣。但若對螺線管通電流，並在管內建立磁場 $\boldsymbol{B}$，則在管外將有 $\boldsymbol{A}$。因此將產生相位差的改變，此改變與管外 $\boldsymbol{A}$ 之環流成正比，這

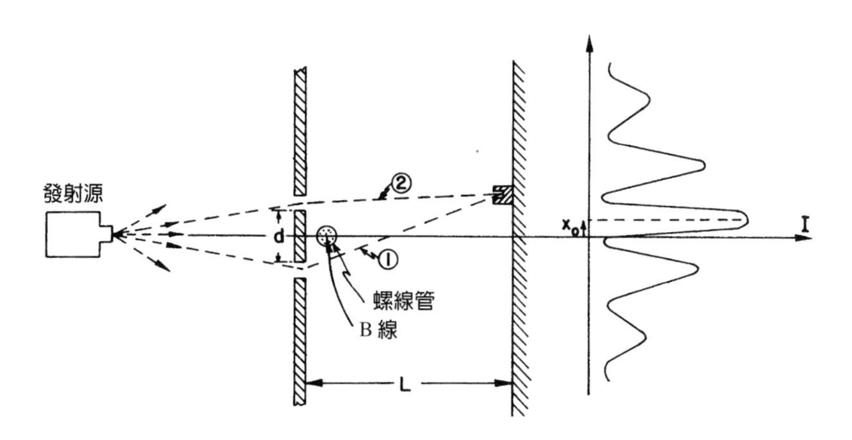

圖 15-7　磁場能夠影響電子的運動，即使是場僅存在於其中找到電子的機率為任意小的區域裡。

意味著極大和極小的圖樣將移到新的位置上。事實上，因爲對任一對路徑來說，管內的 **B** 通量都是常數，所以 **A** 的環流也是如此。對每一抵達點都有相同的相位變化；這相當於使整個圖樣在 x 方向上移動同等距離，比如說 x_0，它是容易算出的。極大強度將出現在兩波的相位差等於零的地方。利用關於δ的 (15.33) 式或 (15.34) 式，以及關於 $\delta(B=0)$ 的 (15.28) 式，我們得到

$$x_0 = -\frac{L}{d}\lambdabar\frac{q}{\hbar}\oint_{(1-2)}\boldsymbol{A}\cdot d\boldsymbol{s} \tag{15.35}$$

或

$$x_0 = -\frac{L}{d}\lambdabar\frac{q}{\hbar}[\text{在路徑 (1) 與 (2) 之間的 }\boldsymbol{B}\text{ 通量}] \tag{15.36}$$

當螺線管存在時的圖樣看來* 應如圖 15-7 所示。至少，這是量子力學預言的情形。

正是這一實驗最近被做出來。這是一項非常、非常難做的實驗。因爲電子的波長是如此短，因此需要微小尺度的儀器才能觀測到干涉現象。兩狹縫必須很接近，這意味著需要一個非常小的螺線管。事實證明，在某些場合下，鐵晶體將長成十分長、且就微觀而言很細的絲，即所謂晶鬚（whisker）。當這些鐵晶鬚磁化時就如同一個小螺線管，且除了靠近兩端的地方，就沒有任何磁場留在鬚外。電子干涉實驗就是以這麼一條晶鬚置於兩狹縫之間做出來的，而且觀測到了先前預言的電子圖樣的移動。

*原注：假如 **B** 場是從圖面伸出來，則根據我們前面的定義，通量為正值，而 x_0 為正值。

審訂者注

圖 15-7 右邊所顯示的干涉圖形（見圖(b)）是錯的，正確的干涉圖形應該如圖 (a) 所示。重點在於雙狹縫干涉圖形是籠罩於單狹縫包絡線（envelope，圖中灰色虛線）之下，而圖 15-7 中螺線管內的磁場只會改變雙狹縫干涉條紋，但不會影響包絡線的位置。也就是說，在包絡線不動的前提下，干涉條紋的波峰會因螺線管內的磁場而移動位置，例如圖 (a) 中的波峰就向上移動了 x_0 距離，但全部條紋的「質心」並未移動位置。（請把下圖逆時針轉 90 度來看，比較容易看出不同。）

但是，如果實驗的安排是如圖 15-8 所示，則電子會穿過磁場，因此會受到橫向磁力，包絡線的中心就會移動，亦即整個條紋的「質心」位置就會移動。

關於這一個錯誤，可參見 T. H. Boyer 發表於 *American Journal of Physics* **40**, 56-59 (1972) 的文章。

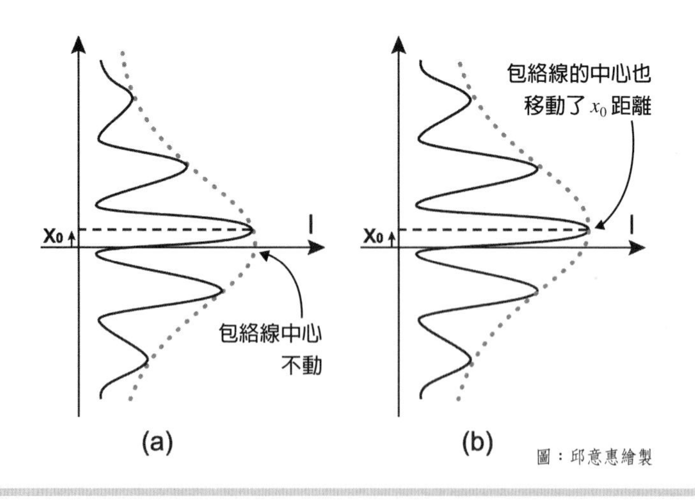

圖：邱意惠繪製

於是就我們的觀點而言，$\boldsymbol{A}$ 場是「眞實的」。你可能會說：「但那裡**確實有**磁場。」確實有磁場，但得記住我們原來的概念——假如場必須在質點**所處位置**被確定下來，以得到其運動狀態，那麼它就是「眞實的」。晶鬚內的 $\boldsymbol{B}$ 場在一段距離外就起了作用。假如我們不想將其影響描述成超距作用，非得用向量位勢不可。

這項主題有過一段有趣的歷史。我們上文所敘述的理論在 1926 年量子力學問世時就已爲人所知。向量位勢會出現在量子力學的波動方程式（稱爲薛丁格方程式）中這個事實，從該方程式被寫出來的那一天就已經清楚了。它不可能以任何簡單的方式由磁場來替代，這已經由試圖作此種嘗試的人們陸續注意到。從我們對電子在沒有磁場的區域中運動、但仍然會受到影響這個例子來看，那也是清楚的。但因爲在古典力學中，$\boldsymbol{A}$ 從未顯示出任何直接的重要性，並且因爲它可以經由加上一梯度而改變，人們便不斷說 $\boldsymbol{A}$ 不具有直接的物理意義——即使在量子力學中，也只有磁場和電場是「正確的」。

回顧往事不免讓人感到奇怪：從沒人想到要討論此項實驗，直至 1956 年才由波姆（David Bohm）和阿哈若諾夫（Yakir Aharonov）首次對此提出建議，並使得整個問題明朗化。暗示始終在那兒，但就是沒有人注意到。因而當這件事給提出來時，許多人都感到相當震驚。這就是爲什麼有人認爲值得進行這項實驗，以檢驗它確實是對的，儘管久已爲人相信的量子力學對此早給出毫不含糊的答案。有趣的是，像這種事竟擱置在那兒達三十年之久，只因爲人們對什麼有意義、而什麼沒意義的某些偏見，就一直忽視它。

現在我們要做稍進一步的分析。我們將說明量子力學公式和古典公式之間的聯繫——即說明爲什麼當我們在足夠大的尺度上觀察物體時，就好像質點將受到等於 $q\boldsymbol{v} \times (\boldsymbol{A}$ 的旋度$)$ 的力的作用。要從量子力學得到古典力學，我們還需要考慮所有的波長都很小的狀況，也就說所有的波長都遠比另一尺度還小，而此另一尺度所指的是外在條件（如電磁場）在此一尺度之內有相當大的變化。我們將不在相當普遍的情形下證明此一結果，而只是在一個非常簡單的例子中說明它是怎麼回事。

我們再次考慮相同的狹縫實驗。但我們不再將全部磁場局限在兩狹縫間的非常微小的區域裡，而是考慮位於狹縫後方且延伸至較廣闊區域的磁場，如圖 15-8 所示。我們將考慮一種理想化的情況，磁場在一個寬度 W 比 L 小的狹窄長條區域內是均勻的。（這很容易安排，捕捉屏可以放在任意遠處。）為了算出相位的移動值，必須計算 $\boldsymbol{A}$ 沿軌跡 (1) 與 (2) 的兩個積分。正如先前所見，它們之間的差，恰好是兩路徑間的 $\boldsymbol{B}$ 通量。在我們的近似條件下，此通量為 BWd。於是兩路徑的相位差就是

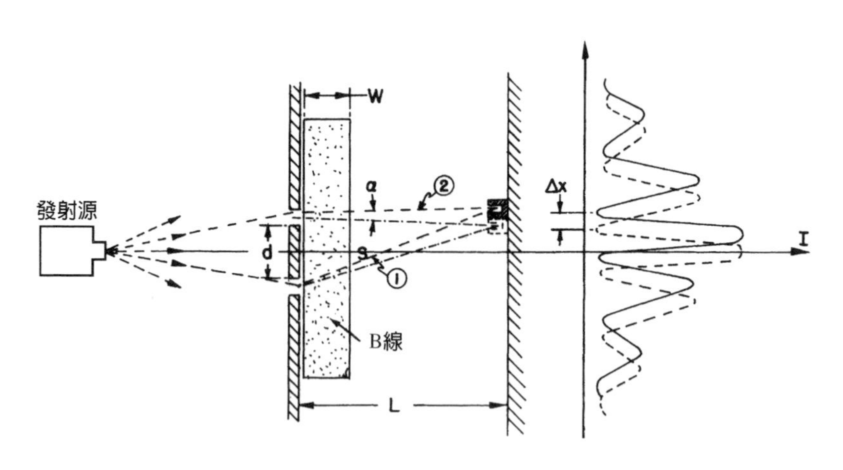

圖 15-8　由一條狹長磁場引起的干涉圖樣的移動

$$\delta = \delta(B = 0) + \frac{q}{\hbar} Bwd \tag{15.37}$$

我們發現，就我們的近似而言，此一相位移與角度無關。因而，再次的，此效應使整個圖樣向上移動距離 Δx。利用 (15.35) 式，

$$\Delta x = \frac{L\lambdabar}{d} \Delta\delta = \frac{L\lambdabar}{d} [\delta - \delta(B = 0)]$$

將 (15.37) 式中的 $\delta - \delta(B = 0)$ 代入，得

$$\Delta x = -L\lambdabar \frac{q}{\hbar} Bw \tag{15.38}$$

這樣的移動，相當於將所有軌跡都偏轉一個小角度 α（見圖 15-8），而

$$\alpha = \frac{\Delta x}{L} = -\frac{\lambdabar}{\hbar} qBw \tag{15.39}$$

即使按古典理論，我們也預期一薄片磁場會使所有軌跡都偏轉一個小角度，比方說 α'，情形如圖 15-9(a) 所示。當電子穿越磁場時，它們將感受到一個持續時間達 w/v 的橫向力 $\boldsymbol{F} = q\boldsymbol{v} \times \boldsymbol{B}$。它們的橫向動量的改變恰好等於此一衝量，因此

$$\Delta p_x = -qwB \tag{15.40}$$

角偏轉（見圖 15-9(b)）等於橫向動量除以總動量 p。我們得到

$$\alpha' = \frac{\Delta p_x}{p} = -\frac{qwB}{p} \tag{15.41}$$

我們可以將此結果與 (15.39) 式所示的由量子力學算出的同一個量做比較。但古典力學與量子力學之間有如下的關係：一個具有動量 p 的質點對應到一個以波長 $\lambdabar = \hbar/p$ 在變化的量子機率幅。利用這

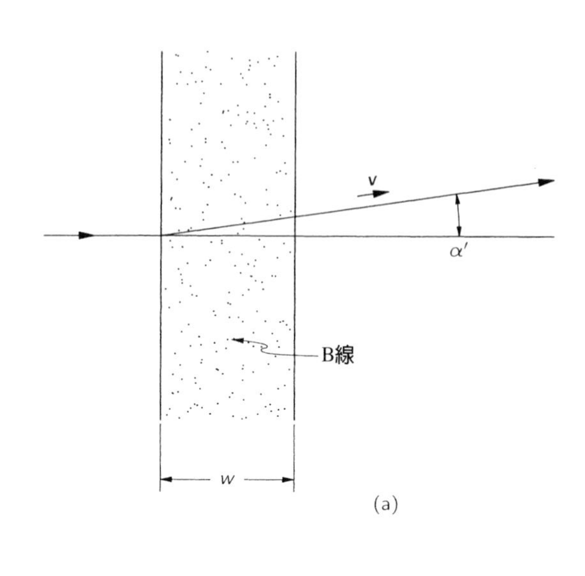

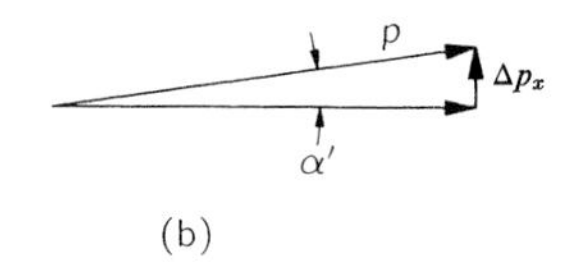

圖 15-9　粒子通過狹長條磁場時發生偏轉

個等式，α 和 α' 就完全相等；古典和量子的計算給出同樣的結果。

從以上分析我們看到，在量子力學中以明顯方式出現的向量位勢如何產生出一個僅取決於其微分的古典力。在量子力學中有重大關係的是相鄰路徑間的干涉作用；結果總歸是效應取決於 $\boldsymbol{A}$ 場從一點到另一點**變化**了多少，因而只取決於 $\boldsymbol{A}$ 的微分，而不是 $\boldsymbol{A}$ 本身之值。雖然如此，向量位勢 $\boldsymbol{A}$（以及與它形影不離的純量勢 ϕ）看來仍可對相關物理現象提供最直接的描述。當我們愈發深入量子理論時，這點就變得愈來愈清楚。在量子電動力學的廣義理論中，人們取向量位勢與純量勢做為取代馬克士威方程組的一組方程式中的基本量：$\boldsymbol{E}$ 和 $\boldsymbol{B}$ 逐漸從物理定律的現代化表述中消失；取代它們的是 $\boldsymbol{A}$ 和 ϕ。

15-6 對靜力學成立者，對動力學則未必

至此，我們對靜場這一主題的探討已近尾聲。在本章中，我們險些就得考慮場隨時間變化所可能發生的情況。我們在處理磁能時，只因為靠著躲入相對性論證的庇護所才能避開它。即使如此，我們對能量問題的處理，還是有些人為的成分，甚至帶著神祕性，因為我們忽略了實際運動中的線圈一定會產生變化場這一事實。現在正是來處理隨時間變化的場，也就是電動力學這一主題的時候了。我們將在下一章中做這件事，但首先要強調以下幾點。

儘管在這門課程中，我們一開始就呈現了一組完整且正確的電磁學方程式，但我們馬上就著手探究某些不完整的部分，因為這樣比較容易。從靜場的簡單理論出發，並且只在後來才逐步進入包括動場在內的更複雜理論，這樣做具有很大的優越性。一上來要學的新材料比較少，因而有時間讓你們發展才智，以便應付更加艱巨的工作。

但在這種過程中會有下述危險：在我們還沒看到完整的理論之前，沿途學到的不完整眞理可能變得根深柢固，並且給誤認為全然的眞理，以致於把總是對的東西與只是有時對的東西相互混淆。所以，我們將已論及的重要公式總結在表 15-1 中，把那些普遍正確的公式與那些只對靜態情形才正確、而對動態情形則是錯誤的公式區分開來。此一總結表也部分呈現了我們今後的動向，因為當我們處

表 15-1

一般情形下是錯誤的（只對靜態情形才正確）	永遠正確
$F = \frac{1}{4\pi\epsilon_0}\frac{q_1q_2}{r^2}$ （庫侖定律）	$\boldsymbol{F} = q(\boldsymbol{E} + \boldsymbol{v} \times \boldsymbol{B})$ （勞侖茲力） → $\nabla \cdot \boldsymbol{E} = \frac{\rho}{\epsilon_0}$ （高斯定律）
$\nabla \times \boldsymbol{E} = 0$ $\boldsymbol{E} = -\nabla\phi$ $\boldsymbol{E}(1) = \frac{1}{4\pi\epsilon_0}\int\frac{\rho(2)\boldsymbol{e}_{12}}{r_{12}^2}\,dV_2$ 對導體來說，$\boldsymbol{E} = 0$，ϕ = 常數，$Q = CV$	→ $\nabla \times \boldsymbol{E} = -\frac{\partial \boldsymbol{B}}{\partial t}$ （法拉第定律） $\boldsymbol{E} = -\nabla\phi - \frac{\partial \boldsymbol{A}}{\partial t}$ 在導體內，$\boldsymbol{E}$ 產生電流
$c^2\nabla \times \boldsymbol{B} = \frac{\boldsymbol{j}}{\epsilon_0}$ （安培定律） $\boldsymbol{B}(1) = \frac{1}{4\pi\epsilon_0 c^2}\int\frac{\boldsymbol{j}(2) \times \boldsymbol{e}_{12}}{r_{12}^2}\,dV_2$	→ $\nabla \cdot \boldsymbol{B} = 0$ （沒有磁荷） $\boldsymbol{B} = \nabla \times \boldsymbol{A}$ → $c^2\nabla \times \boldsymbol{B} = \frac{\boldsymbol{j}}{\epsilon_0} + \frac{\partial \boldsymbol{E}}{\partial t}$

箭頭（→）標示出的方程式，是馬克士威方程式。

表 15-1（續）

一般情形下是錯誤的（只對靜態情形才正確）	永遠正確
$\nabla^2\phi = -\dfrac{\rho}{\epsilon_0}$ （帕松方程式）	$\nabla^2\phi - \dfrac{1}{c^2}\dfrac{\partial^2\phi}{\partial t^2} = -\dfrac{\rho}{\epsilon_0}$ 與 $\nabla^2 A - \dfrac{1}{c^2}\dfrac{\partial^2 A}{\partial t^2} = -\dfrac{j}{\epsilon_0 c^2}$ 與 $c^2\nabla\cdot A + \dfrac{\partial\phi}{\partial t} = 0$
$\nabla^2 A = -\dfrac{j}{\epsilon_0 c^2}$ 與 $\nabla\cdot A = 0$	
$\phi(1) = \dfrac{1}{4\pi\epsilon_0}\displaystyle\int\dfrac{\rho(2)}{r_{12}}\,dV_2$	$\phi(1, t) = \dfrac{1}{4\pi\epsilon_0}\displaystyle\int\dfrac{\rho(2, t')}{r_{12}}\,dV_2$ 與
$A(1) = \dfrac{1}{4\pi\epsilon_0 c^2}\displaystyle\int\dfrac{j(2)}{r_{12}}\,dV_2$	$A(1, t) = \dfrac{1}{4\pi\epsilon_0 c^2}\displaystyle\int\dfrac{j(2, t')}{r_{12}}\,dV_2$ 與 $t' = t - \dfrac{r_{12}}{c}$
$U = \frac{1}{2}\displaystyle\int\rho\phi\,dV + \frac{1}{2}\int j\cdot A\,dV$	$U = \displaystyle\int\left(\dfrac{\epsilon_0}{2}E\cdot E + \dfrac{\epsilon_0 c^2}{2}B\cdot B\right)dV$

理動態情形時，將詳盡論述我們在此只能提出而無法證明的內容。

對這張表作一些說明可能會有用處。首先，你們應該注意到，我們最初提及的方程式都是**正確的**方程式——我們在那兒並沒誤導你。電磁力（常稱爲**勞侖茲力**）$\boldsymbol{F} = q(\boldsymbol{E} + \boldsymbol{v} \times \boldsymbol{B})$ 是正確的。只有庫侖定律是錯誤的，它只適用於靜電學。關於 $\boldsymbol{E}$ 和 $\boldsymbol{B}$ 的四個馬克士威方程式也是正確的。當然，我們對靜態情形所用的方程式都是錯的，因爲已略去了全部含有時間微分的項。

高斯定律 $\boldsymbol{\nabla} \cdot \boldsymbol{E} = \rho/\epsilon_0$ 依然正確，但 $\boldsymbol{E}$ 的旋度通常**不**等於零。所以 $\boldsymbol{E}$ 無法總是等於純量（靜電位）的梯度。我們將看到仍然有一個純量勢，但它是隨時間變化的量，必須與向量位勢配在一起才能對電場作出完整描述。決定此一新純量勢的那些方程式必然也都是新的。

我們也必須放棄 $\boldsymbol{E}$ 在導體內總是等於零這個概念。當場正在變化時，導體內的電荷一般沒有足夠時間將自身重新排列使得電場等於零。它們被迫運動，但永遠無法達成平衡。唯一普遍的說法是：導體內的電場產生了電流。所以當處於變動場中時，導體並**不是**一個等位勢體。由此得出電容的概念也不再是準確的。

既然不存在磁荷，$\boldsymbol{B}$ 的散度就**永遠**等於零。因而 $\boldsymbol{B}$ 總是可以表示成 $\boldsymbol{\nabla} \times \boldsymbol{A}$。（每一件事都沒改變！）但 $\boldsymbol{B}$ 並非只從電流產生：$\boldsymbol{\nabla} \times \boldsymbol{B}$ 正比於電流密度加上一個新的項 $\partial \boldsymbol{E}/\partial t$。這意味著 $\boldsymbol{A}$ 和電流是由一個新的方程式來聯繫。它也和 ϕ 有關聯。假如我們因自身的方便，而隨意選取 $\boldsymbol{\nabla} \cdot \boldsymbol{A}$，則可將 $\boldsymbol{A}$ 或 ϕ 的方程式整理成簡單而又優雅的形式。我們因此可利用 $c^2 \boldsymbol{\nabla} \cdot \boldsymbol{A} = -\partial \phi/\partial t$ 這個條件，而使得 $\boldsymbol{A}$ 或 ϕ 的微分方程如同表中所列。

A 和 ϕ 這兩種位勢仍可經由對電流與電荷的積分而求得，但**不同於**靜態情形中的積分。最驚人的是，眞正的積分很像那些靜態的，只不過有一項小小的且在物理上具吸引力的修正。當我們計算積分以求出某一點、比如圖 15-10 中點 (1) 的位勢時，我們必須用到在較早時刻 $t' = t - r_{12}/c$ 位於點 (2) 上的 $\boldsymbol{j}$ 和 ρ 值。正如你所期望的，從點 (2) 發出的影響以速率 c 傳播至點 (1)。用上這點小變化，我們就可解出變動電流與電荷的場，因為一旦我們有了 $\boldsymbol{A}$ 和 ϕ，就可同以前那樣，從 $\nabla \times \boldsymbol{A}$ 得到 $\boldsymbol{B}$，以及從 $-\nabla\phi - \partial\boldsymbol{A}/\partial t$ 得到 $\boldsymbol{E}$。

最後你將留意到，有些結果，比如說，電場中的能量密度等於 $\epsilon_0 \boldsymbol{E}^2/2$，對於電動力學和靜電磁學都是正確的。你不該因此而誤認為這反正是很「自然的」。在靜態情形導出的任一公式，其正確性在動態情況下都必須再次論證。一個反例是由 $\rho\phi$ 的體積分所表出的靜電能。此一結果**僅只**對靜態情形才正確。

我們將在適當的時候，更詳盡討論上述所有情況，但記住，這個總結表或許是有用的，因為你會知道哪些是可以忘記的，以及哪些是應該做為永遠正確的東西而記住的。

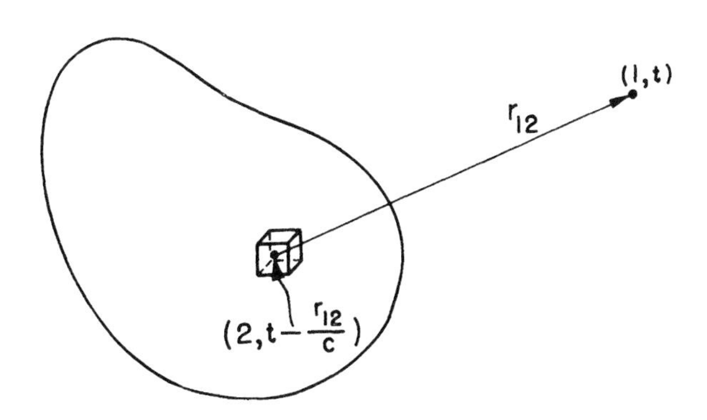

圖 15-10　t 時刻點 (1) 處的位勢，是將游動點 (2) 處的源的每個體積元素中較早時刻 $t - r_{12}/c$ 的電流與電荷之貢獻加總而得出的。

第16章 感應電流

16-1 電動機與發電機

1820 年關於電和磁之間存在密切關係的發現，曾令人感到非常興奮——迄至當時，電和磁一直被認爲是完全獨立的兩個主題。首先發現的是，導線中的電流會產生磁場；然後在同一年，又發現載有電流的導線在磁場中會受到力。

令人興奮的事情之一是，每當存在力學力時，便有可能將它用到發動機中以做功。在發現前述現象之後，幾乎立即就有人開始利用施於載流導線上的力來設計電動機。這種電磁式發動機的原理概要示於圖 16-1 。一塊永久磁鐵，通常再配上幾塊軟鐵——用來在兩

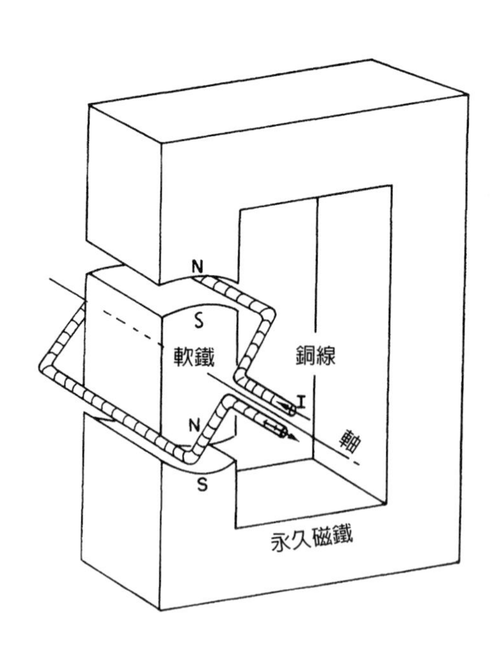

圖 16-1　簡單電磁式發動機的示意輪廓圖

槽之間產生磁場。如圖所示，橫跨每一個槽都有南極和北極。讓矩形銅線圈的兩邊分別置於一槽中。當電流通過線圈時，兩槽處的電流彼此反向，因而力也反向，於是有一繞圖中之軸的力矩加諸線圈上。假如線圈安裝在一根軸上以便轉動，則可與滑輪或齒輪耦合而做功。

同一概念也可用來製作電學測量用的靈敏儀器。自從這個力的定律發現之後，電學測量的精確度立即大幅提高。首先，我們可以利用電流繞行許多匝、而非僅一匝，使得這種電動機中的力矩大幅增加。然後，線圈又可裝配成只要很小的力矩便能轉動，像是可以將它的軸支撐在非常精細的寶石軸承上，或者可將線圈掛在十分細的線或石英絲上。於是極小的電流便能使線圈轉動，而對小角度來說，轉動的量與電流成正比。將一根指針黏在線圈上，若是最精密的儀器，可以借助安裝在線圈上的一面小鏡子來觀察標尺影像的移動，便可測得轉動的量。這種儀器稱爲檢流計。伏特計和安培計也依同樣的原理運作。

同樣的原理可運用在大尺度上，製造出能夠提供機械動力的大型電動機。利用安裝在軸心上的一組觸點，可使線圈每轉半周、接法就變換一次，如此線圈便能夠不斷旋轉。於是力矩就永遠朝同一方向。小型直流電動機就是按此方式製成的。較大型的電動機，無論是直流或交流式的，往往用電源提供能量的電磁鐵來代替永久磁鐵。

在認識電流能產生磁場之後，有人立即提出：也許總有辦法使得磁鐵也能夠產生電場。許多人嘗試過各種實驗。例如，將兩根導線平行排列，以電流通過其中之一，而希望在另一根導線中能發現電流。其想法如下：磁場或許能以某種方式拉引第二根導線中的電子前進，給出「同類東西喜歡做同樣的運動」這樣一種定律。利用當時可得到的最大電流和最靈敏的電流計來測第二根導線中的電流，結果是否定的。把大塊磁鐵置於導線旁，也無法產生可觀測到的效應。

最後，法拉第於 1831 年才發現大家遺漏的關鍵要項——只有當某種東西**正在變化時**，才存在電效應。假如兩根導線之一有**正在變化的**電流，則在另一根導線中將感應出電流，或者假如一塊磁鐵在一電路附近**運動**，則電路中也會有電流。我們說這些電流是**感應而得的**。這就是法拉第所發現的電磁感應效應。它將相當枯燥的靜場主題，轉變成包含大量絕妙現象且振奮人心的動場主題。本章將對其中的一些作定性描述。但不用在意，這一章的主要目的是使讀者認識相關的現象。我們以後才來作詳盡的分析。

從我們已知的東西就可很容易理解磁感應的一個面向，儘管在法拉第的時代對此尚無所悉。那是來自於在磁場中運動電荷所受到的力，即 $\boldsymbol{v}\times\boldsymbol{B}$，與速度成正比。假設有一根導線經過一塊磁鐵附近，如圖 16-2 所示，而且我們將此導線的兩端接到檢流計上。假設我們移動導線使其經過磁鐵的一端，檢流計的指針將會擺動。

磁鐵產生了一個垂直方向的磁場，而當我們將導線推過磁場時，導線中的電子將感受到一個**側向**力——既垂直於場，也垂直於運動方向。此力將電子沿導線方向推動。但這爲何會使檢流計擺動呢，它離那個力是如此之遠？這是由於當那些感受到磁力的電子試圖移動時，借助電的排斥，它們推動導線內鄰近的電子；那些電子又推動更遠一些的電子，如此這般，直到很遠的距離。這眞是令人吃驚。

對於最早製造出檢流計的高斯（Karl Friedrich Gauss）和韋伯（Wilhelm Eduard Weber）來說，這現象是如此驚人，以致於他們試著瞭解導線中的力到底能傳多遠。他們拉一根導線橫越整個市區。在

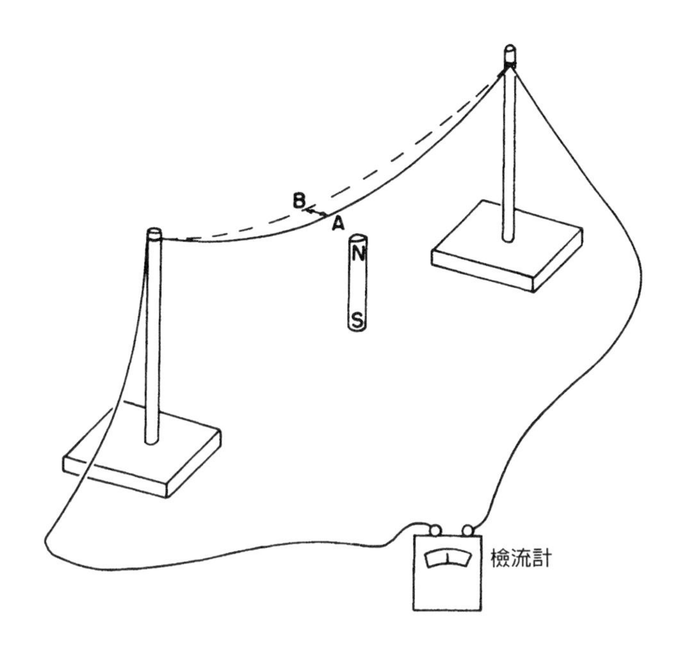

圖16-2 一根導線在磁場中運動會產生電流，並由檢流計顯示出來。

一端，高斯先生將導線接到電池上（電池在發電機之前問世），而在另一端的韋伯先生則觀察到檢流計在動。於是他們有了一種長距離傳訊的方法——這就是電報的起源！當然，這與感應沒有直接關聯——而只與導線載流的方式有關，無論電流是否由感應來推動。

現在假設在圖16-2的裝置中，我們讓導線靜止不動，而使磁鐵運動。我們仍可在檢流計上看到效應。正如法拉第所發現的，在導線下方，使磁鐵朝某一方向移動，與在磁鐵上方，導線朝反方向移動，具有相同的效應。但當磁鐵移動時，就不再有作用在導線內部電子上的任何 $\boldsymbol{v} \times \boldsymbol{B}$ 力。這是法拉第找出來的新效應。今天，我們也許希望從相對論性的論證來理解它。

我們已經瞭解一塊磁鐵的磁場來自於內部電流。所以假使不用

圖 16-2 的磁鐵，而是用一個載有電流的線圈，我們預期會觀測到同樣的效應。假設我們將導線移過線圈，則會有電流通過檢流計，或者將線圈移過導線也會有相同情形。但現在有一件更令人興奮的事：假使我們**不是**靠移動線圈，而是靠**改變其中的電流**來改變線圈的磁場，則檢流計又再次顯出效應。比方說，如圖 16-3 所示，在線圈附近有一個導線迴路，兩者均維持不動，但我們切斷電流，則有一電流脈衝通過檢流計。當我們再次對線圈通上電流，則檢流計的指針將朝反方向擺動。

在諸如圖 16-2 或圖 16-3 所示的情況中，每當檢流計有電流通過時，導線中的電子都受到沿導線某一方向的淨推力。在不同的位置，可能有不同方向的推力，但沿某一方向的推力大過另一方向的

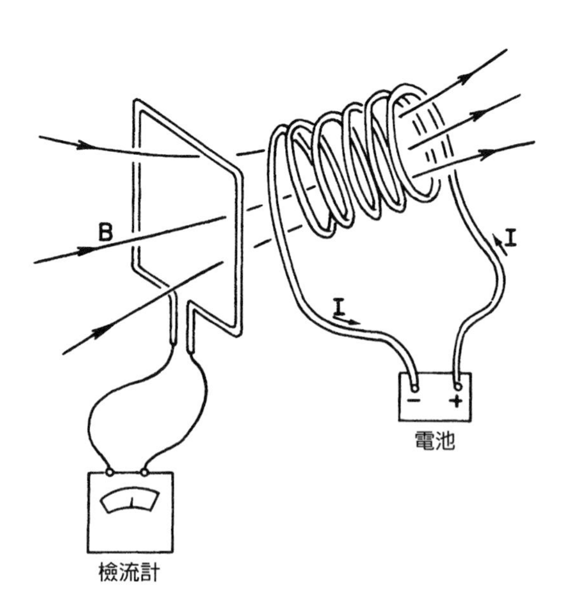

圖 16-3 倘若移動一個載流線圈，或使其中的電流改變，那麼這個線圈會使第二個線圈產生電流。

推力。這裡有關係的是推力沿整個電路的積分。我們稱此一積分起來的淨推力為電路的**電動勢**（electromotive force，縮寫成 emf）。更準確的說，電動勢的定義為，導線中每單位電荷所受切向力對整個電路環繞一圈的路程積分。法拉第的完整發現是，導線中的電動勢可由三種不同途徑產生：移動導線、在導線附近移動磁鐵、或改變鄰近導線中的電流。

讓我們再次考慮圖 16-1 所示的簡單機械，只是現在不再輸入電流於導線中以使它轉動，而是用一個外力，比如用手或水車來轉動迴路。當線圈轉動時，其導線在磁場中運動，我們在線圈電路中將發現一電動勢。於是，電動機變成了發電機。

發電機的線圈因其運動而有一個感應電動勢。此電動勢的量值，由法拉第所發現的一個簡單定則給出。（我們現下僅陳述此一定則，留待以後再詳盡審視。）此定則如下：當穿過迴路的磁通量（此通量是 $\boldsymbol{B}$ 的法向分量對整個迴路面積的積分）隨時間改變時，電動勢等於通量的變化率。我們將這稱為「通量定則」。你可以看到，當圖 16-1 中的線圈轉動時，穿過它的通量改變了。開始時有某一通量以一種方式穿過；然後當線圈轉過 180° 時，同一通量又以相反的方向通過。假如我們繼續轉動線圈，通量首先是正值，然後是負值，再又是正值，如此等等。通量的變化率必然也是正負交替變化著。因而在線圈中有一個交變電動勢。假如將線圈的兩端經由某種稱為集電環的滑動觸點連至外面的導線（如此導線才不會捲纏在一起），我們就有了一部交流發電機。

或者我們也可作如下安排：經由某些滑動觸點，使在轉過半圈之後，線圈端點與外部導線之間的連接也反過來，當電動勢反轉時，連接方式也如此。因而電動勢脈衝總是朝相同方向將電流推過外電路。我們就有一部所謂的直流發電機。

圖 16-1 中的機器可以是電動機或發電機。利用兩部全同的永磁式「電動機」，並以兩根銅線連結其線圈，可漂亮的呈現電動機和發電機之間的「倒易性」。當一者的軸以力學方式轉動時，它便成爲發電機，推動另一部成爲電動機。如轉動第二部的軸，它便成爲發電機，而將第一部當成電動機來推動。因此這裡有一個自然界的新型式等效性的有趣例子：電動機與發電機彼此是等效的。事實上，這種定量的等效性，並非完全出於偶然。它與能量守恆律有關。

另一種既可產生電動勢、又可響應電動勢而運作的裝置例子，是一部標準電話機的受話器，即「聽筒」。貝爾（Alexander Graham Bell）原來的電話機，包括兩個這樣的「聽筒」，以兩根長導線連起來。其基本原理示於圖 16-4 中。一塊永久磁鐵在由兩塊軟鐵製成的「軛鐵」，以及一片因聲壓而振動的薄膜片中產生了磁場。當膜片振動時，改變了軛鐵中的磁場強度。因此當一道聲波衝擊膜片時，在軛鐵之一的線圈中所穿過的磁通量就改變了。因此在線圈中就有一電動勢。若線圈的兩端連至一電路，於是產生了一種以電的方式表

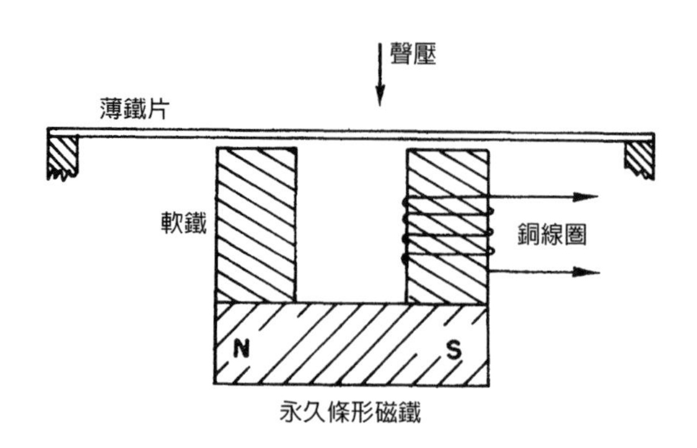

圖 16-4　電話的送話器或受話器

達聲音的電流。

假如圖 16-4 中的線圈兩端用兩根導線連接至另一部全同的裝置，那變化中的電流將在第二個線圈中流動。這些電流將產生變動磁場，並對鐵膜片有吸引力，這個吸引力也一直在變動。此膜片將擺動而造成聲波，這些聲波與造成原來那膜片振動的那些聲波大略相似。利用幾塊鐵和銅線，就能使人的聲音經導線傳送出去！

（現代家用電話的受話器與上述者相似，但使用了一種改良的發明，以得到更強有力的送話器。那就是「碳鈕傳聲器」（carbon-button microphone），它利用聲壓改變來自電池的電流。）

16-2 變壓器與電感

法拉第的發現中，最有趣的特點之一，不在於運動中的線圈裡存在電動勢——這是可以用磁力 $q\boldsymbol{v} \times \boldsymbol{B}$ 來理解的，而在於一個線圈裡的電流變化會在第二個線圈中產生電動勢。而十分令人吃驚的是，第二個線圈中所感生的電動勢的量值，也由同一個「通量法則」給出：電動勢等於穿過線圈的磁通量之變化率。假設我們有兩個線圈，各繞在彼此分開的兩捆鐵片上（這可造成更強的磁場），如圖 16-5 所示。現在將其中一個線圈——線圈 (a)，連接至一交流發電機上。那不斷變化的電流產生出不斷變化的磁場。這個變化中的場在第二個線圈——線圈 (b)，生出交變電動勢。此電動勢能夠，比方說，產生足夠大的功率，使一個燈泡發亮。

線圈 (b) 中電動勢交變的頻率，當然與原來發電機的頻率相同。但線圈 (b) 中的電流，可能大於或小於線圈 (a) 中的電流。線圈 (b) 中的電流，取決於其中感應所生的電動勢以及電路其餘部分的電阻與電感。此電動勢可能小於發電機的電動勢，比方說，如果通

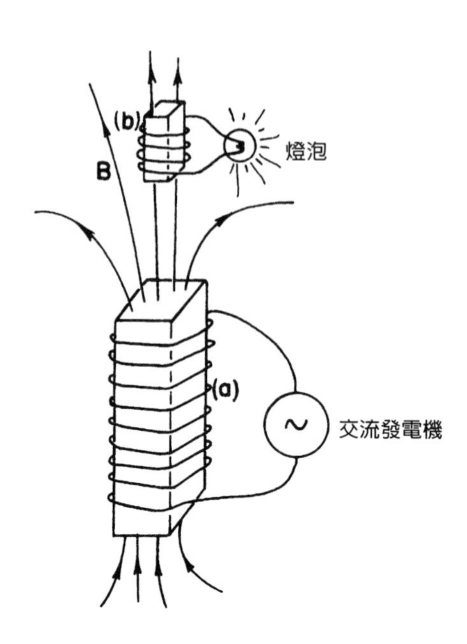

圖 16-5　各自圍繞在不同捆鐵片外的兩個線圈，能讓發電機在沒有直接相連的情況下，使燈泡發亮。

量的變化很小的話。要不然可以經由增加線圈 (b) 中的匝數，而使其中的電動勢比發電機的電動勢大許多，因爲在一給定的磁場中，此時穿過線圈的通量增加了。（或者，假如你喜歡用另一種方式來看它的話，每一匝的電動勢均相同，而因總電動勢等於分開的各匝的電動勢之和，所以許多匝串聯起來就產生很大的電動勢。）

兩個線圈的這種組合（通常安排一些鐵片來引導磁場），稱爲**變壓器**。它能使一電動勢（也叫「電壓」）「轉變成」另一者。

單一的線圈中也存在電感效應。比方說在圖 16-5 的裝置中，不但有使燈泡發亮的穿過線圈 (b) 的變動通量，而且還有穿過線圈 (a) 的變動通量。在線圈 (a) 中變動的電流將在其自身內產生一個變動磁場，因而這個場的通量也就不斷變動，結果有一個**自感**電動勢存在於線圈 (a) 中。當任何電流正在建立磁場時——或普遍的說，當它的場以任意方式變化時，便有一電動勢作用在該電流上。此一效應稱爲**自感**（self-inductance）。

當我們在上文給出「通量定則」，即電動勢等於磁通連結的變化率時，並未指明電動勢的方向。有一個稱爲「冷次定則」（Lenz's rule）的簡單定則可指出電動勢的走向：電動勢**試圖反抗**任何磁通的變化。也就是說，感應電動勢的方向總是如此：假如電流沿該電動勢的方向流動，則它總會產生旨在抗拒造成該電動勢的 $\boldsymbol{B}$ 之變化的一個 $\boldsymbol{B}$ 通量。冷次定則可用來找出圖 16-1 中那部發電機的電動勢方向，或圖 16-3 的變壓器繞組中的電動勢方向。

特別是，假如在單一線圈（或任一根導線）中有正在變化的電流，則在電路中就有一個「反」電動勢。圖 16-5 的線圈 (a) 中，電動勢作用在各電荷上以反抗磁場的改變，因而也是沿著反抗電流改變的方向。它試圖維持電流恆定不變；當電流增加時，它與電流反向，而當電流減少時，它則與電流同向。自感中的電流具有「慣性」，因爲電感效應試圖維持電流恆定，就如同力學慣性試圖維持一物體的速度恆定那樣。

任一大型電磁鐵中都會有很大的自感。假設一電池連接至大型電磁鐵的線圈上，如圖 16-6 所示，則會建立起一個強磁場。（電流達到了由電池的電壓與線圈中導線電阻決定的穩定值。）但現在假定我們試圖藉拉開開關而切斷電池。要是眞的切斷電路，電流將迅速降到零，而在這樣做時將產生巨大的電動勢。在大多數情況下，此電動勢將大到足以形成電弧，跨越開關的斷路接點。如此出現的高電壓也許會損壞線圈中的絕緣——甚至會擊傷你，假如你正是拉起開關的人！由於這些原因，電磁鐵往往接成如圖 16-6 所示的那種

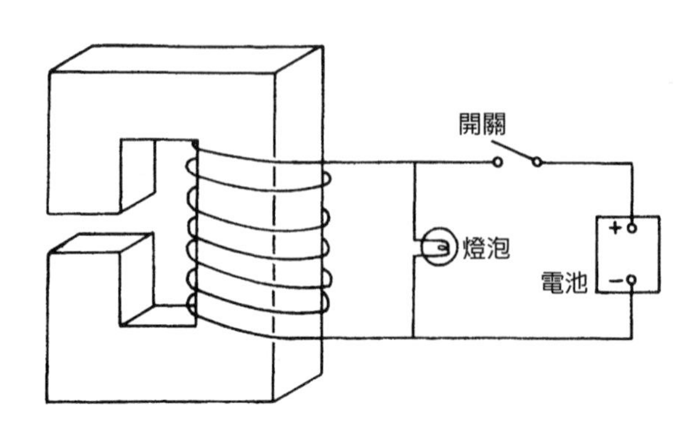

圖 16-6 電磁鐵的電路連接法。燈泡允許在開關打開時，仍然有電流通過，這是為了避免出現過高的電動勢。

電路。當開關拉起時，電流不會迅速變化，而是保持穩定，這是因爲來自線圈自感電動勢所驅使的電流正流經燈泡。

16-3 作用在感應電流上的力

你們也許曾見過用圖 16-7 所示的小裝置來做冷次定則的戲劇性演示。那是一具電磁鐵，就如圖 16-5 中的線圈 (a)，然後把一個鋁環放在電磁鐵的頂端上。當合上開關使線圈連至交流發電機時，鋁環將飛向空中。當然，力是來自於環中的感應電流。環會飛離這個事實表明：環內的電流反抗穿過其中的磁場改變。當電磁鐵在其頂端形成北極時，環內的感應電流形成朝下的北極。環和線圈互相排斥，就好像兩塊同極磁鐵那樣互相排斥。假如把環割出一道狹窄的徑向裂縫，力將消失，這表明力確實來自於環中的電流。

假設我們不用環，而是將一個鋁盤或銅盤置於圖 16-7 的電磁鐵的一端，它們也會受到排斥；感應電流在盤型材料內環行，再次產

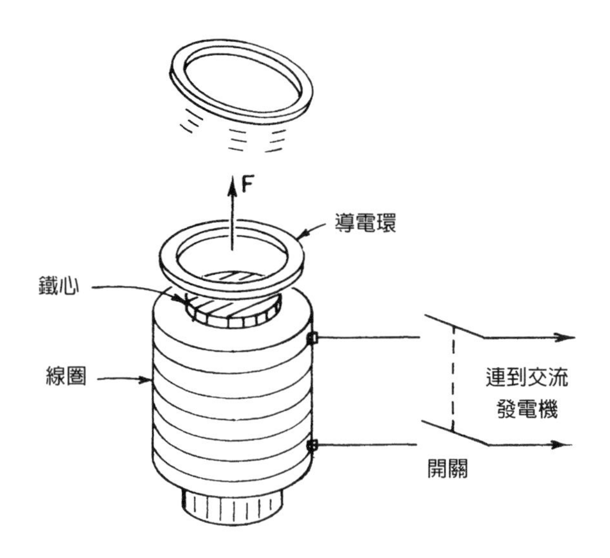

圖 16-7 導電環會被一塊通有變動電流的電磁鐵強力推開

生出排斥作用。

有一個發生在一片**理想導體**中的有趣效應，其根源也類似。在理想導體中，無論電流爲何，都不存在電阻。故若電流在其中產生，它將永遠流下去。事實上，**最微小**的電動勢便能產生任意大的電流——這實際上意味著根本不可能有電動勢。任何要把磁通量送進這樣一片理想導體的嘗試，都將產生能引起相反 ***B*** 場的電流——所有這一切只需要無限小的電動勢，所以沒有任何磁通量能進入理想導體內。

假如我們有一片理想導體，並在附近放一具電磁鐵，當我們接通磁鐵的電流時，導體中將出現稱爲渦電流的電流，場線看起來將如圖 16-8 所示那般。當然，假若我們把條形磁鐵移近理想導體，也會發生同樣的事情。既然渦電流會造成相反的磁場，磁鐵就會受導

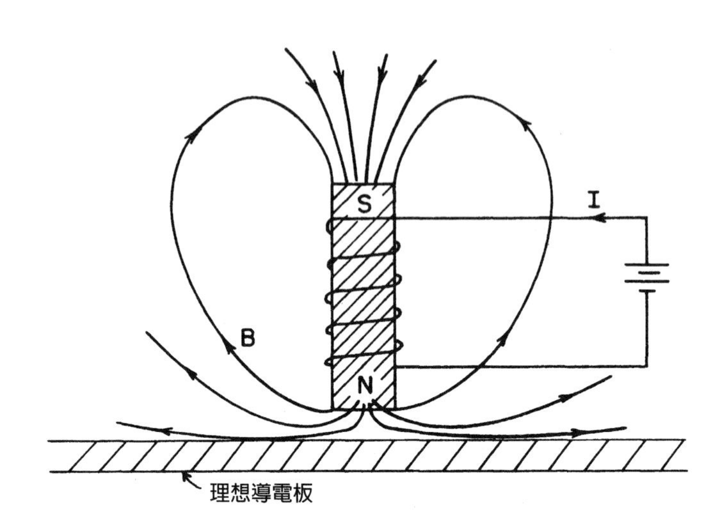

圖 16-8　靠近理想導電板的電磁鐵

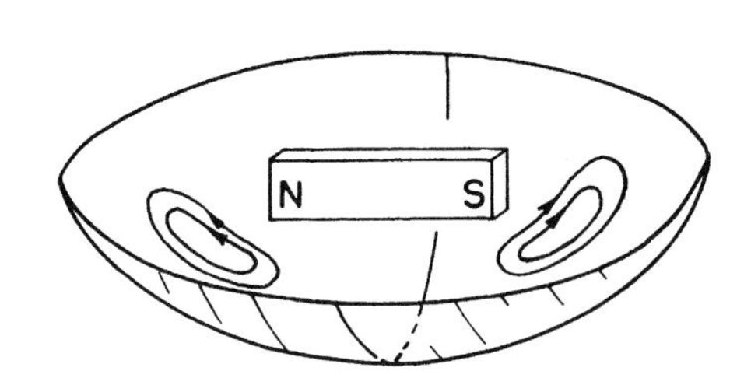

圖 16-9　由於受到渦電流排斥，一根條形磁鐵會懸浮在超導碗的上方。

體排斥。這樣有可能讓條形磁鐵懸浮在一片盤狀理想導體的上方，如圖 16-9 所示。磁鐵是受到理想導體內感應渦電流的排斥作用，方能懸浮。在常溫下並不存在理想導體，但某些材料在足夠低的溫度下，會變成理想導體。例如，錫在 3.8 K 下就具完美導電性。這稱爲超導體。

假如圖16-8的導體並非十分理想，則對渦電流的流動便有些阻力。電流將逐漸消失，而磁鐵會慢慢落下來。非理想導體中的渦電流需要電動勢來維持流動，而要有電動勢，通量必須保持不斷變化。這樣，磁場的通量將逐漸透入導體內。

在正常導體中，不僅有來自渦電流的排斥力，還可以有側向力。比方說，假若我們使一塊磁鐵在一導體面上側向移動，則渦電流將產生一拖曳力，因爲感應電流正在反抗通量位置的改變。這種力與速度成正比，並且有如一種黏力。

上述效應可用圖16-10所示的儀器來漂亮呈現。把方形銅片懸

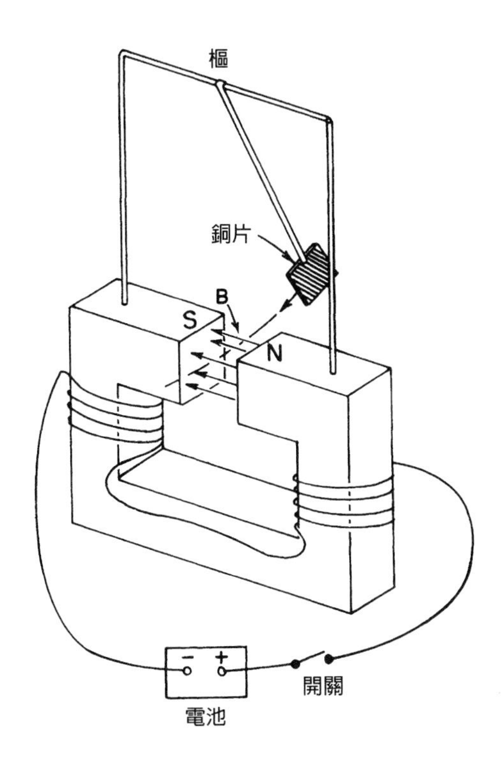

圖16-10 擺的制動表明有起因於渦電流的力

在一根棒子的下端，形成一個擺。銅片在電磁鐵的兩極間來回擺動。當電磁鐵接通時，擺動會突然停止。當金屬板進入電磁鐵的縫隙中時，板中將感生出電流，抗拒穿過該板的通量的改變。假設是一片理想導體，電流將大到足以將板子重新推出去——它將彈回去。若用的是一塊銅板，板內會有一些電阻，因而當它開始進入磁場時，電流將先導致板子幾乎完全靜止。然後，當電流降低時，板子會在磁場中緩慢靜止下來。

銅擺中渦電流的性質示於圖 16-11 中。此電流的強度和幾何分布，都對板子的形狀很敏感。例如，若像圖 16-12 中所示，換上一

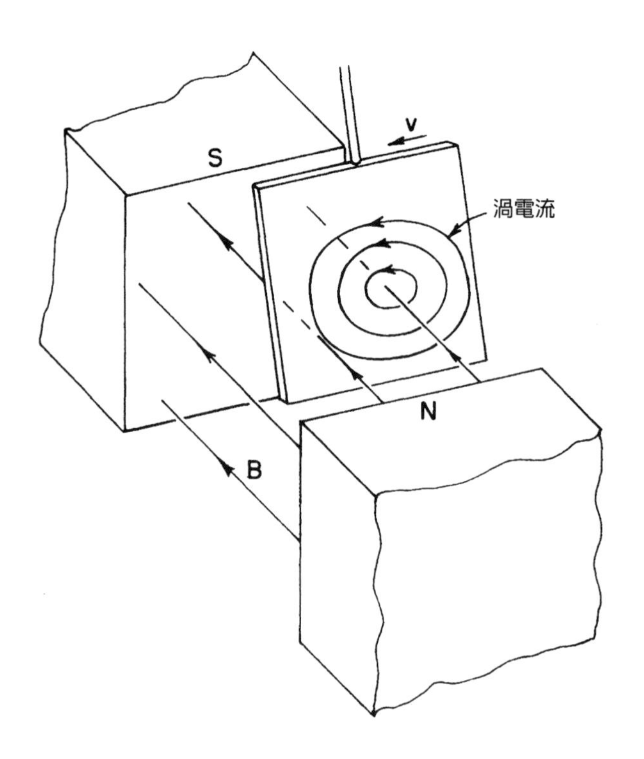

圖 16-11　銅擺中的渦電流

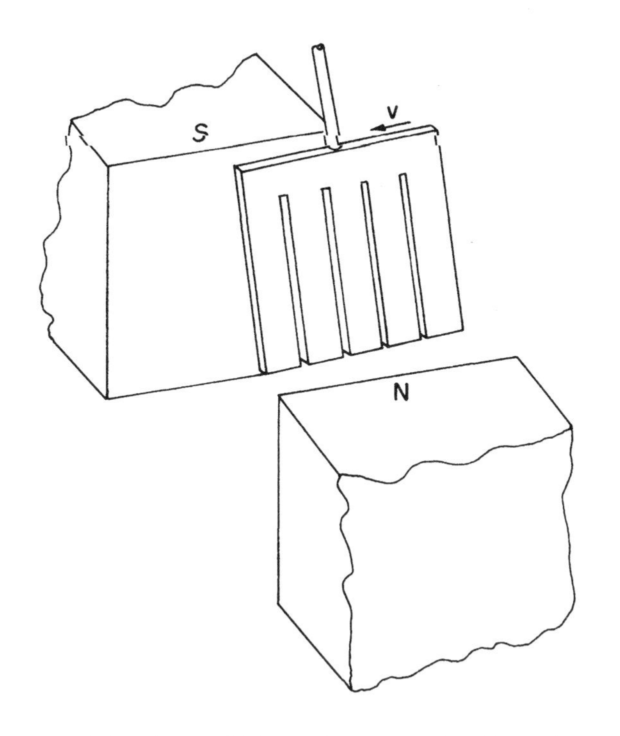

圖16-12 在銅板中割出一些狹槽，會使渦電流效應急遽下降。

塊中間開有幾道狹槽的銅板，則渦電流效應將遽然下降。當擺在磁場中擺過時，只受到很小的減速力。理由是：銅板中每一區域裡用來驅動電流的磁通量減少了，因而使每一迴路的電阻效應變大。電流變小，阻力也減少了。假如將一銅片置於圖16-10的磁鐵的兩極間，然後放開，則可更加看清力的黏滯特性。銅板不會掉落，而只是緩慢下降。渦電流對運動施加強大的阻力，就像蜜糖裡的黏滯曳力那般。

假若我們不是將導體拉經一塊磁鐵，而是試圖讓導體在磁場中轉動，將有來自同一效應的抗力矩。反之，若在導電板或導電環附近轉動磁鐵，由一端翻至另一端，則環將被拖著旋轉；環中的電流將產生傾向使環隨磁鐵旋轉的力矩。

恰恰像那轉動磁鐵的磁場，可用圖 16-13 所示的線圈排列來達成。我們取一鐵環（像甜甜圈那樣的鐵環），並繞上六組線圈。假如像圖 (a) 那樣通電流於 (1) 和 (4) 兩繞組，則會有如圖中所示方向的磁場。若我們現在將電流轉移至 (2) 和 (5) 兩繞組，則磁場將指向圖 (b) 所示的那個新方向。繼續同樣的步驟，我們便得到圖上其餘部分所示的一系列磁場。假設此過程平順的進行，我們就有了「旋轉的」磁場。我們只要將各線圈連至一組三相輸電線上，便可輕易得到所需的序列電流。

「三相電源」（three-phase power）是利用圖 16-1 所示的原理，在

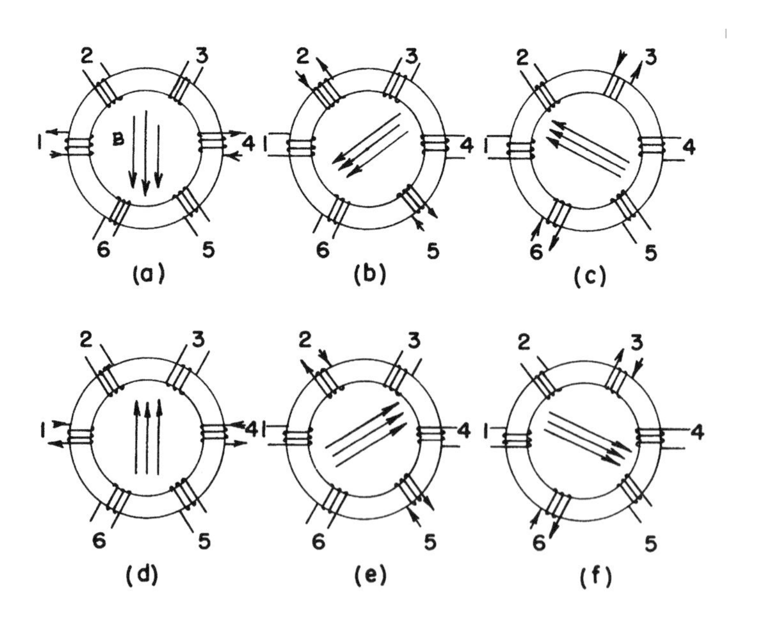

圖 16-13　製造旋轉磁場

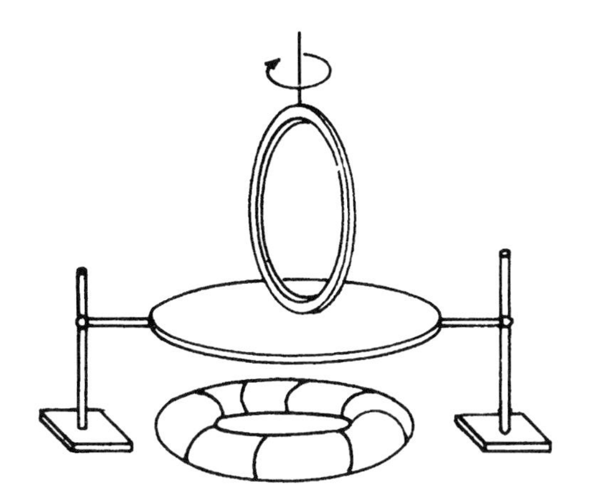

圖 16-14 圖 16-13 中的旋轉磁場，可用來對導電環提供力矩。

一部發電機中產生的，只是有**三個**迴圈以對稱的方式排列在同一根軸上——亦即每一迴圈與次一迴圈之間相隔 120°。當各線圈做爲一個整體旋轉時，首先是線圈之一的電動勢達最大值，然後是下一者，並如此這般以規則的順序持續下去。三相電源有許多實際的優點，其中之一就是可能產生旋轉的磁場。

由此旋轉磁場在一導體中形成的力矩，可由一個金屬環豎立在鐵環正上方的一張絕緣台上而輕易呈現出來，如圖 16-14 所示那般。此旋轉磁場能使金屬環繞著垂直軸旋轉。此處所見的基本要素，與一部大型商用三相感應電動機所用者大體相同。

另一種形式的感應電動機示於圖 16-15 中。此處所示的排列，不適用於一部實用的高效率電動機，但可用來說明原理。由一疊多層鐵片和環繞在外的螺線管式線圈所組成的電磁鐵 M ，由一部發電機的交變電流提供動力。此電磁鐵會產生穿過鋁盤的變動 $\boldsymbol{B}$ 通量。假若我們只有圖 (a) 所示的兩個組件，還不能構成電動機。盤中存

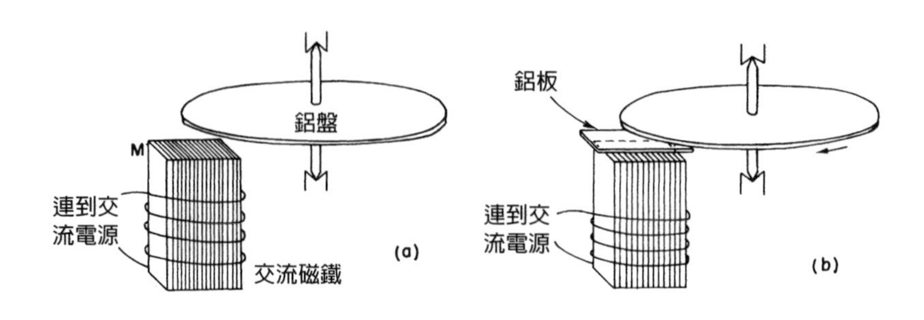

圖 16-15 蔽極感應電動機的簡單例子

在渦電流，但渦電流成對稱狀，因而沒有任何力矩。（由於感應電流，盤將會發熱。）假若現在我們用一鋁盤剛好遮蓋磁極的一半，如圖 (b) 所示，則鋁板將開始旋轉，我們便有了一部電動機。此運作有賴於**兩個**渦電流。首先，鋁板中的渦電流反抗穿過它的通量的改變，所以板上面的磁場總是落後於那沒受遮蓋的半個磁極上方的磁場。此一所謂的「蔽極」（shaded-pole）效應，在「蔭蔽」區中產生一個場，其變化非常像「非蔭蔽」區中的場，只不過延遲了一段固定的時間。整個效應就像一塊只有一半寬的磁鐵不斷從非蔭蔽區移至蔭蔽區似的。於是這些變化中的場與盤中的渦電流互相作用，而產生一個作用在其上的力矩。

16-4 電工技術

當法拉第最初將他那個關於變動磁通量會產生電動勢的傑出發現公諸於世時，曾被問到（就像任何發現自然界新事實的人都會被問到的）：「這有什麼用處呢？」他所發現的不外是，在磁鐵附近移動導線會產生微小電流這麼一樁怪事。這有什麼可能的「用處」

呢？他的回答是：「一名初生嬰兒有什麼用處呢？」

可是，想想法拉第的發現已導致多麼巨大的實際應用。我們在上文描述的並非只是玩具，而是選擇了大多數情況下足以代表某些實用機器之原理的例子。比方說，在旋轉磁場中的轉動環就是一部感應電動機。當然，它和一部實用感應電動機之間是有不同之處。那個環有一個非常小的力矩，你用手就可將它止住。對於一部優良的電動機，結構必須安排得更緊湊，不能讓那麼多磁場「浪費」在外面的空氣中。首先，利用鐵材來集中磁場。我們尚未討論鐵如何能做到這一點，但鐵能使磁場比單靠銅線圈時強上幾萬倍。其次，鐵片之間的隙縫縮小了，為了達到這一點，有些鐵材甚至被嵌入旋轉環中。每件東西都給安排得能獲致最大的力與最高效率——也就是把電力轉變成機械動力，直至你無法用手止住「環」。

封閉縫隙，以及使事情以最實際的方式運作，這類問題屬**工程技術**。這需要對設計作認真的研究，儘管那些力並非從新的基本原理得到的。但從基本原理過渡到實用且經濟的設計，仍有很長的一段路要走。然而，正是這種精心的工程設計，使得波爾德水壩* 這樣的龐然大物及其附屬設施成為可能。

波爾德水壩為何物？就是用一堵混凝土牆把一條大河給擋住。這是何等的牆啊！其造型是完美的曲線，經過非常仔細的計算，用最少量的混凝土便能擋住整條河流。這堵牆底部加厚，形狀美妙，藝術家都很喜歡，而工程師則能賞識，因為這與壓力隨水深而增加有關。但我們有點離開電學這主題了。

*譯注：波爾德水壩（Boulder Dam）位於美國西南部科羅拉多河上，壩長360公尺，高222公尺，蓄水量達395億立方公尺。

然後河水被導入一條巨大的管道。管道本身就是一項工程傑作，可以將水提供給「水輪」——一座巨大的渦輪機，而使水輪旋轉。（另一項工程上的功績。）但爲何要轉動水輪呢？它們與一大堆精巧複雜、且緊密交織的鐵和銅連在一起，其中包括兩部分——一部分會動，而另一部分則不動。整體是龐雜的組合，由少數幾種材料組成，大部分是鐵和銅，但也有一些供絕緣用的紙和蟲膠。如是組成了會旋轉的巨大怪物，也就是一部發電機。在這一大堆銅和鐵之外，還有少數幾種特殊的銅質組件。水壩、渦輪機、鐵和銅，所有這些擺在那兒，使得幾根銅棒之間發生了特殊的事物——電動勢。然後銅棒延伸出去，沿變壓器的鐵塊繞上幾圈；於是它們完成任務了。

但另有一根銅纜環繞同一鐵塊，與發電機的那些銅棒並不直接相連；銅棒只是因爲經過發電機而受到影響，因而得到其電動勢。變壓器將發電機的有效設計所需的較低電壓轉變成非常高的電壓，這對電能經長電纜傳輸來說是最好不過的。

每件事都必須非常有效率，不能有任何浪費或損失。爲什麼呢？因爲大都會所需的電力都由此經過。要是有一小部分損失了，比如百分之一或二，試想想會有多少能量遺留下來了！要是有百分之一的能量遺留在變壓器中，則必須設法將能量取出來。要是能量變成熱，很快就會把整部機器都熔掉。當然，採取下述辦法會稍微降低效率，但卻是必要的：以幾部泵讓油經散熱器循環，使得變壓器不致過熱。

從波爾德水壩伸出幾十根銅棒，很長、很長、或許有你手腕粗的銅棒，沿四面八方延伸至幾百英里之外。這些小銅棒攜帶著一條大河的動力。然後這些銅棒又分叉成更多的棒子……然後連到更多的變壓器……有時連到能夠產生其他形式電流的巨大發電機……有時連到為遠大工業目標而運轉的發動機……連到更多的變壓器……然後又再分散開來……直到最後這條河流的動力遍布整個城市——驅動電動機、發熱、發光、使小裝置運轉。從600英里外的冷水變成熾熱的燈光，這等奇蹟全都是由特殊安排的鐵和銅來達成的。軋鋼用的大型電動機、或牙醫電鑽的小型電動機，千萬個小輪子都響應著波爾德水壩的那個巨輪而運轉。一旦巨輪停止，這些小輪都將停擺，電燈也將熄滅。所有這些確實是聯繫在一起的。

可是不止於此。取之於河流的龐大動力，並將它散布至鄉間，直到幾滴河水就足以驅動牙醫用電鑽，這同樣的現象也再次出現於極精密儀器的建造上……可用於探測非常微小的電流……可用於語音、音樂和圖像的傳送……可用於計算機……可用於高度精確的自動化機器。

所有這一切之所以可能，是由於對銅和鐵的小心設計安排——有效生成的磁場……直徑6英尺的鐵塊，旋轉時其縫隙僅1/16英寸寬……為達到最高效率，而仔細選取銅的比例……所有的奇特形狀，如水壩的曲線，為的是達成同一目標。

假如未來的某位考古學家發掘了波爾德水壩，我們可以猜測到，他將讚嘆其曲線的優美。但來自未來某一偉大文明的探險家，也將注視著發電機和變壓器說道：「請看每塊鐵都具備優美、有效的形狀。想想那已滲透進每塊銅裡的創意！」

這就是工程的力量和電工技術的精心設計。人們已在發電機中創造出自然界任何其他地方都不存在的東西。雖然在其他地方的確也有感應力。在太陽和恆星周圍的某些地方，確實存在電磁感應現象。或許地球的磁場也是因類似發電機的東西而得以維持的，而它是靠地球內部環繞的電流來運作的（雖然這還不確定）。但這樣由許多會動的組件放在一起，從而產生如同發電機那樣的電力，而且具備高效率和規律性，任何地方再也找不到。

你們可能會認爲，設計發電機不再是有趣的主題，而是已過氣的主題，因爲各種發電機都已設計出來了。近乎完美的發電機或電動機是現成可得之物。即使這是眞的，對於把問題解決得接近圓滿的這項美妙成就，我們仍然可以表達敬佩之意。但還有許多尙待解決的問題，甚至發電機和變壓器也會再度成爲問題。整個低溫與超導學門或許很快就會用於電力分配問題上。既然在此問題中出現了嶄新的要素，就得有新的最佳設計。未來的動力網路或許與今天的網路只有一小部分相似。

你們將可看到，我們在學習感應時，有數不清的應用和問題可供討論。關於電力機械設計的研究，本身就是終生的工作。我們無法在這方面太深入探討，但應認識到：當人們發現電磁感應定律之後，便立即把理論和大量的實際發展聯繫起來了。然而，我們應將這個主題留給那些對解出特殊應用的細節感興趣的工程師和應用科學家。物理學只提供基礎——可供應用的基本原理，無論爲何。（我們仍未完成這基礎，因爲我們仍得詳細考慮鐵和銅的性質。稍後我們將看到，物理學對這些都會談及。）

現代電工技術源於法拉第的發現。那個無用的嬰兒長成爲非凡的奇人，並改變了地球的面貌，而其方式是連他那驕傲的父親作夢也不曾想到的。

第17章 感應定律

17-1 感應現象

我們在上一章中已描述過許多現象，顯示了感應效應相當複雜且有趣，現在我們要討論支配這些效應的基本原理。我們已將一傳導電路中的電動勢定義為，作用在電荷上的力對迴路全長的累積總和。更具體的說，是每單位電荷所受的力的切向分量沿該電路環繞一周的線積分。因而，這個量等於環繞電路一周所作用在單位電荷上的總功。

我們也曾給出「通量定則」如下：電動勢等於穿過一個傳導電路的磁通量變化率。讓我們來看看能否理解其中的原因。首先，我們將考慮一種情形，由於電路在穩定磁場中移動而導致通量變化。

在圖 17-1 中，我們展示出一個大小可以改變的簡單迴路。此迴路有兩部分：固定的 U 形部分 (a)，和一根可以在 U 形的兩「腿」上滑動的橫棒 (b)。這始終是一個完整的電路，但面積卻可改變。

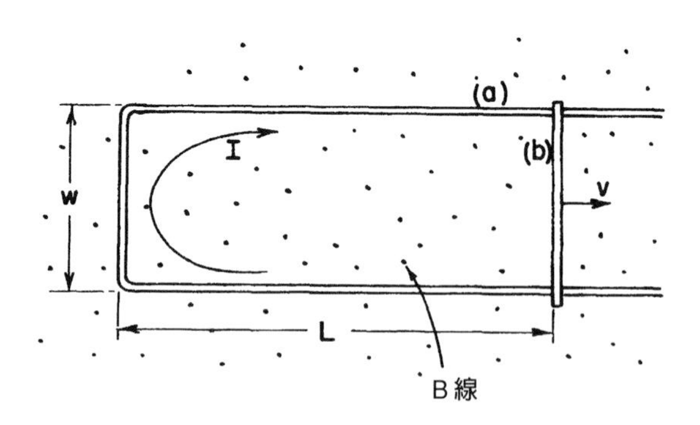

圖 17-1　假如通量是由於改變電路面積而變化，則在迴路中會產生電動勢。

假設我們現在將此迴路置於一均勻磁場中，並使U形平面與磁場垂直。依據通量定則，當橫棒移動時，迴路中就應該產生與穿過迴路的通量變化率成正比的電動勢。此電動勢將在迴路中造成電流。假定導線中的電阻夠大，因而電流很小，於是我們可忽略此電流產生的任何磁場。

穿過迴路的通量爲 wLB，所以「通量定則」給出的電動勢，我們將它寫成 ε，會是：

$$\varepsilon = wB\frac{dL}{dt} = wBv$$

式子中，v 是橫棒的移動速率。

現在我們應可從作用在此移動橫棒內電荷上的磁力 $\boldsymbol{v} \times \boldsymbol{B}$ 來理解上述結果。這些電荷將感受到一個力，它沿著導線的切線方向、大小是每單位電荷爲 vB。此力沿著橫棒長度 w 爲定值，而在他處則爲零，因此力沿整個電路的積分爲

$$\varepsilon = wvB$$

與從通量變化率得到的結果一樣。

剛才所給出的論據可以推廣至磁場固定且導線移動的任何一種情況。在普遍情形下，我們可以證明：對於有部分在固定磁場中移動的任意電路而言，電動勢等於通量對時間的微分，不論電路的形狀爲何。

反之，若迴路靜止而磁場改變，則情形如何呢？我們無法用上面的論據來導出這一問題的解答。那是法拉第從實驗上的發現：不管通量如何變化，「通量定則」仍然正確。就廣義的情況而言，作用於電荷上的力是由 $\boldsymbol{F} = q(\boldsymbol{E} + \boldsymbol{v} \times \boldsymbol{B})$ 給出；並不存在任何新的、特殊的「由變化中磁場所生的力」。任何作用於固定導線內靜止電

荷上的力都來自 $\boldsymbol{E}$ 項。法拉第的觀察導致一項新發現，即電場與磁場由一條新定律聯繫在一起，這條定律是：在其中磁場正隨時間改變的區域內，將產生出電場。正是此電場驅使電子沿導線運動——因而也就是當一靜止電路中有變動磁通量時，存在電動勢的原因。

與變動磁場相關的電場的普遍定律為

$$\nabla \times \boldsymbol{E} = -\frac{\partial \boldsymbol{B}}{\partial t} \tag{17.1}$$

我們將此稱為法拉第定律。它是由法拉第發現的，卻是由馬克士威最早寫成微分形式，做為馬克士威方程組中的一員。讓我們看看這個方程式如何給出電路中的「通量定則」。

利用斯托克斯定理，此定律可表為積分形式

$$\oint_{\Gamma} \boldsymbol{E}\cdot d\boldsymbol{s} = \int_{S} (\nabla \times \boldsymbol{E})\cdot \boldsymbol{n}\,da = -\int_{S} \frac{\partial \boldsymbol{B}}{\partial t}\cdot \boldsymbol{n}\,da \tag{17.2}$$

式子中，如往例，Γ 指任一閉合曲線，而 S 是由它所包圍的任一表面。此處應該記住，Γ 是固定於空間中的**數學**曲線，而 S 是一固定表面。於是時間導數可移至積分符號之外，因而有

$$\begin{aligned}\oint_{\Gamma} \boldsymbol{E}\cdot d\boldsymbol{s} &= -\frac{\partial}{\partial t}\int_{S} \boldsymbol{B}\cdot \boldsymbol{n}\,da \\ &= -\frac{\partial}{\partial t}(\text{穿過 } S \text{ 的通量})\end{aligned} \tag{17.3}$$

將此關係式應用到沿著一**固定**導電電路的曲線 Γ，我們再次得到「通量定則」。左邊的積分為電動勢，而右邊的積分則是電路所圍繞的通量的變化率負值。所以應用到一固定電路的 (17.1) 式，就相當於「通量定則」。

因此，「通量定則」——一電路中的電動勢等於穿過電路的磁通

量的變化率，對因磁場變化或因電路運動（或兩者皆有）所引起的通量變化均可適用。在該定則的敘述中，對「電路運動」或「磁場變化」這兩種可能性，並未加以區別。然而在我們對該定則的解釋中，對這兩種情形，我們用了兩種完全不同的定律——在「電路運動」中，用 $\boldsymbol{v} \times \boldsymbol{B}$；而在「磁場變化」中，則用 $\boldsymbol{\nabla} \times \boldsymbol{E} = -\partial \boldsymbol{B}/\partial t$。

我們知道，物理學的其他領域裡，還沒有一個如此簡單且正確的普遍原理竟需要從**兩種不同的現象**加以分析，才能眞正的理解。通常這種優美的普遍性來自於單一且深刻的基本原理。然而，在此情況中並不像有任何這類深奧的含意。我們必須從兩種相當不同現象的聯合效應來理解此一「定則」。

我們必須按下述方式來看待「通量定則」。一般說來，每單位電荷所受的力是 $\boldsymbol{F}/q = \boldsymbol{E} + \boldsymbol{v} \times \boldsymbol{B}$。運動的導線中，有一個來自第二項的力。而且，假如在某處有一個變動磁場，則有一個 $\boldsymbol{E}$ 場。它們是獨立的效應，但環繞導線迴路的電動勢總是等於穿過其中的磁通量的變化率。

17-2 「通量定則」的例外情形

現在我們將舉一些例子，其中部分源於法拉第，這些例子顯示，把造成感應電動勢的兩種效應之間的差別清楚銘記於心，是十分重要的。我們的例子將涉及「通量定則」無法適用的情形——或者因爲根本沒有導線，或者因爲感應電流所經的**路徑**是在一導體的廣延體積內運動。

首先我們要指出如下要點：來自 $\boldsymbol{E}$ 場的那部分電動勢，並不需依賴一條實際導線的存在（如同 $\boldsymbol{v} \times \boldsymbol{B}$ 部分那般）。$\boldsymbol{E}$ 場能夠存在於自由空間，而它環繞空間中任一想像的固定曲線所得的線積分，就等於穿過該曲線的 $\boldsymbol{B}$ 通量變化率。(請注意:這與由靜電荷產生的 $\boldsymbol{E}$ 場大不相同,因為在那種情況下,$\boldsymbol{E}$ 環繞任意閉合曲線的線積分總是等於零。)

接著我們將敘述一種情形,穿過電路的通量並未改變,但卻存在一電動勢。圖 17-2 顯示可以在磁場存在的情況下,繞一固定軸旋轉的導電盤。有一個觸點落在軸上,而另一個觸點則擦過盤的外緣,再與檢流計串接而形成完整電路。當盤旋轉時,「電路」(意指空間中有電流經過的那些地方)總是一樣。但在盤內的那部分「電路」位於運動中的材料內。雖然穿過「電路」的磁通量保持不變,但仍然有電動勢,這可從檢流計的偏轉得知。顯然,在此情形中,轉盤上的 $\boldsymbol{v} \times \boldsymbol{B}$ 這個力會產生一個電動勢,但無法將它等同於通量的改變。

現在舉一個反例,我們考慮一種有些奇特的情況,其中穿過「電路」(再次意指電流所在的地方)的磁通量改變了,但卻**沒有**電動勢。設想兩塊邊緣稍微彎曲的金屬板,如圖 17-3 所示,兩板置於

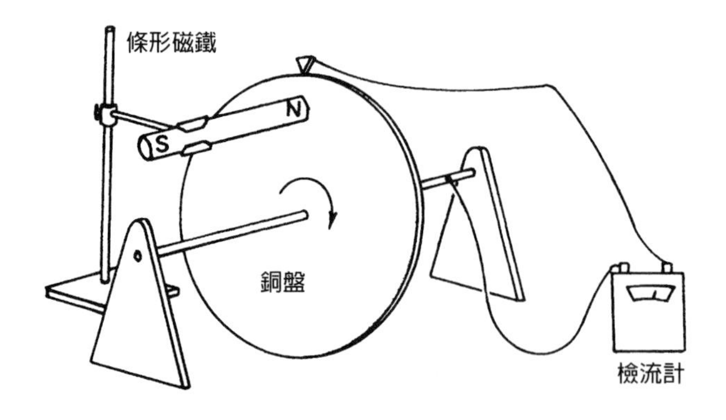

圖 17-2　當銅盤旋轉時,有一個來自 $\boldsymbol{v} \times \boldsymbol{B}$ 的電動勢,但被圍起來的通量卻沒有什麼變化。

與表面垂直的均勻磁場中。兩片板子分別連至檢流計的一端，如圖所示。兩板接觸於點 P ，因而構成了一個完整電路。假如現在兩板擺過一個小角度，則接觸點將移至 P'。我們設想「電路」沿圖上所示的那條虛線，經兩板而閉合起來，則當兩板來回搖擺時，穿過電路的磁通量將大幅改變。然而，此一搖擺可由微小的運動來完成，因而 $\boldsymbol{v} \times \boldsymbol{B}$ 很小，以致實際上不產生任何電動勢。「通量定則」在此並不適用，它必須應用在電路**材料**保持相同的那些電路。當電路材料正在變化時，我們必須回到基本定律。**正確的**物理現象總是由以下兩個基本定律給出的：

$$\boldsymbol{F} = q(\boldsymbol{E} + \boldsymbol{v} \times \boldsymbol{B})$$

$$\nabla \times \boldsymbol{E} = -\frac{\partial \boldsymbol{B}}{\partial t}$$

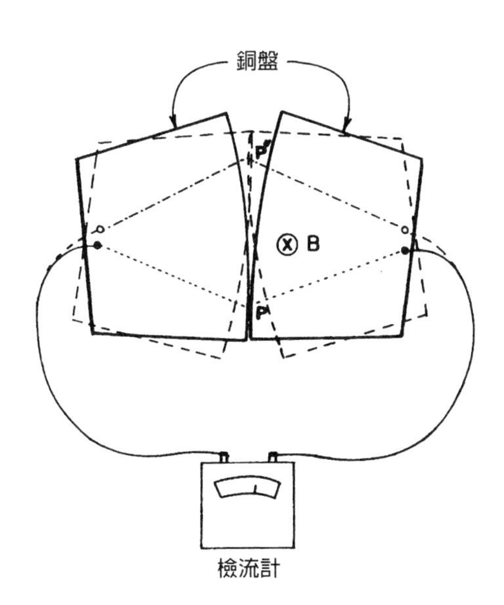

圖 17-3　當兩板在一均勻磁場中來回搖擺時，可以有巨大的磁通量變化，而沒有電動勢產生。

17-3 以感應電場加速粒子；貝他加速器

我們已說過，由變化磁場產生的電動勢即使在沒有導體時也能存在；亦即，沒有導線也可以有磁感應。我們仍然可以設想環繞空間中任意數學曲線的電動勢，它給定義成 $\boldsymbol{E}$ 的切向分量沿曲線的積分。法拉第定律說：此線積分等於穿過閉合曲線之磁通量的變化率，即 (17.3) 式。

做為此類感應電場效應的一個例子，我們現在想考慮在一變化磁場中電子的運動。我們設想一個磁場，在平面的每一處都指向正上方，如圖 17-4 所示。磁場是由電磁鐵產生的，但我們不必考慮其

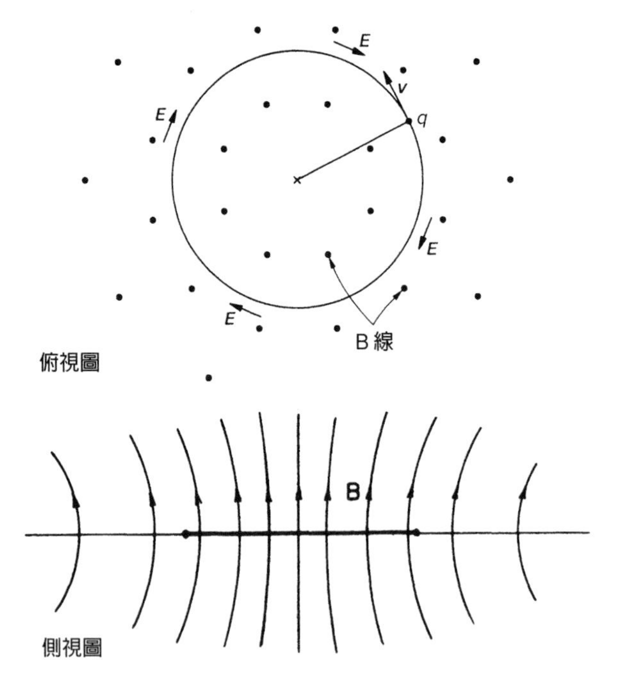

圖 17-4　電子在一個軸對稱且隨時間遞增的磁場中加速。

細節。就這個例子來說，我們設想磁場對稱於某一軸，亦即，磁場強度僅取決於與軸之間的距離。這一磁場也是隨時間變化的。

我們現在設想有一個電子在此磁場中，沿著以場的軸上一點為中心的等半徑圓周運動。（我們在下文將看到如何安排這個運動。）由於變動中的磁場，將有一個沿電子軌道切線方向的 $\boldsymbol{E}$ ，驅使電子繞圓周運動。基於對稱性，此電場在圓周各處都有相等的值。假設電子的軌道半徑為 r ，則 $\boldsymbol{E}$ 環繞軌道的線積分就等於穿過圓周內的磁通量變化率。 $\boldsymbol{E}$ 的線積分正好是它的大小乘以圓周長 $2\pi r$ 。一般而言，磁通量必須從積分求得。目前，我們令 $B_{平均}$ 表示圓周內的平均磁場；那麼通量便是此平均磁場乘以圓的面積。我們將有

$$2\pi r E = \frac{\partial}{\partial t}(B_{平均} \cdot \pi r^2)$$

既然我們假定 r 是常數， $\boldsymbol{E}$ 就正比於平均場對時間的導數

$$E = \frac{r}{2}\frac{dB_{平均}}{dt} \tag{17.4}$$

電子將感受到電力 $q\boldsymbol{E}$ ，並為其所加速。請記得，符合相對論的正確運動方程式應是動量的變化率與力成正比，於是我們有

$$qE = \frac{dp}{dt} \tag{17.5}$$

對於我們所假定的圓周軌道來說，作用在電子上的電力總是朝其運動方向，因此它的總動量將按 (17.5) 式所給的變化率增加。結合(17.5)和(17.4)式，我們可將動量的變化率與平均磁場的變化聯繫起來：

$$\frac{dp}{dt} = \frac{qr}{2}\frac{dB_{\text{平均}}}{dt} \tag{17.6}$$

對 t 積分，可得到電子的動量

$$p = p_0 + \frac{qr}{2}\Delta B_{\text{平均}} \tag{17.7}$$

式子中，p_0 是電子出發時的動量，而 $\Delta B_{\text{平均}}$ 則是後來 $B_{\text{平均}}$ 的變化。**貝他加速器**（betatron，電子感應加速器）是一種將電子加速至高能量的機器，它的運作就是基於這一概念。

為仔細看看貝他加速器是如何運作的，我們現在必須考察如何才能將電子約束在一個圓周上運動。我們已在第 I 卷第 11 章中討論所涉及的原理。假如我們能安排使電子的軌道上有一磁場 $\boldsymbol{B}$，則將有一橫向力 $q\boldsymbol{v}\times\boldsymbol{B}$；對於適當選取的 $\boldsymbol{B}$，這個力能夠使電子維持在預定軌道上運動。在貝他加速器中，正是這個橫向力造成電子在半徑固定的圓形軌道上運動。我們可以再次使用相對論性運動方程式來找出軌道處的磁場應該有多強，但這次是關於力的橫向分量。在貝他加速器中（見圖 17-4），$\boldsymbol{B}$ 垂直於 $\boldsymbol{v}$，所以橫向力為 qvB。於是這個力就等於動量的橫向分量 p_t 的變化率：

$$qvB = \frac{dp_t}{dt} \tag{17.8}$$

當一質點在一**圓周**上運動時，橫向動量的變化率等於總動量的大小乘以轉動角速度 ω（依循第 I 卷第 11 章中的論證）：

$$\frac{dp_t}{dt} = \omega p \tag{17.9}$$

其中，因為是圓周運動，所以有

$$\omega = \frac{v}{r} \tag{17.10}$$

若令磁力等於動量之橫向分量 p_t 的變化率，我們有

$$qvB_{\text{軌道}} = p\frac{v}{r} \tag{17.11}$$

式子中的 $B_{\text{軌道}}$ 是在半徑 r 處的磁場。

當貝他加速器運轉時，依 (17.7) 式，電子的動量將與 $B_{\text{平均}}$ 成正比而增大；又假若電子繼續在其原有的圓周上運動，則當電子動量增加時，(17.11) 式必然繼續成立。$B_{\text{軌道}}$ 之值必須與動量 p 成正比增大。將 (17.11) 式與確定 p 的 (17.7) 式做比較，我們見到，在半徑爲 r 的軌道**內**的平均磁場 $B_{\text{平均}}$ 與在軌道上的磁場 $B_{\text{軌道}}$，必須滿足如下關係：

$$\Delta B_{\text{平均}} = 2\,\Delta B_{\text{軌道}} \tag{17.12}$$

貝他加速器的正確運作要求：軌道內的平均磁場的增長率應是該軌道本身處的磁場增長率的 2 倍。在這些情況下，當感應電場促使質點的能量增加時，軌道上磁場的增長率恰好足以維持質點在圓周上運動。

貝他加速器是用來將電子加速到幾千萬乃至幾億電子伏特能量。然而，要將電子加速至遠高於幾億電子伏特的能量，是不切實際的，當中有幾個原因。原因之一是，要在軌道內獲得所需的高平均值的磁場有實際困難。另一個原因是，(17.6) 式在能量很高時已不再正確，因爲它並未將質點因電磁能輻射（即第 I 卷第 36 章中已討論的所謂「同步輻射」）而耗損的能量包括在內。由於這些原因，欲將電子加速到高達數十億電子伏特的更高能量，就得採用另一種稱爲**同步加速器**（synchrotron）的機器來完成。

17-4 一個弔詭

現在，我們要向你們敘述一個顯而易見的弔詭。弔詭（paradox）指的是下述情況：當用一種方式分析時會得出一種答案，而用另一種方式來分析又會得到不同的答案，因此對實際上究竟會發生什麼，我們會有些進退維谷。當然，物理學中從來不存在任何眞正的弔詭，因爲只有一個正確的答案；至少我們相信自然界只按照一種方式動作（不用說，那就是**正確的方式**）。因此在物理學中，弔詭只是我們本身理解上的一種混淆不清。以下是我們將論及的弔詭。

設想我們打造出如圖 17-5 所示的裝置。有一個薄的圓塑膠盤被支撐在一根具備極佳軸承的同心軸上，因而能十分輕易的旋轉。盤上放著一個與旋轉軸同心的短螺線管形線圈。螺線管載有由一小電

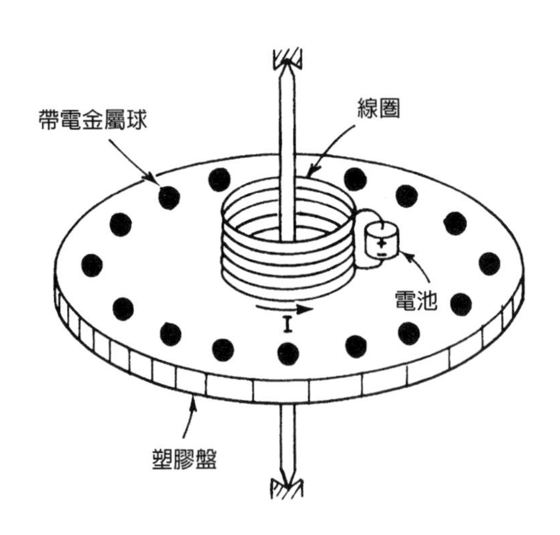

圖 17-5 假如電流 I 停止了，這個圓盤是否會轉動？

池提供的穩定電流 I，電池也安裝在盤上。靠近圓盤的邊緣有若干個金屬小球，沿著圓周等間距分布，小球彼此之間以及與螺線管之間均由圓盤的塑膠材料來絕緣。這些小導體球每一個都帶有等量的靜電荷 Q 。每件東西都相當穩定，而圓盤也處於靜止狀態。

假設現在由於某一偶發事件，或由於事先的安排，螺線管中的電流中斷了，然而卻沒有來自外界的干擾。只要繼續通電流，便有穿過螺線管且多少平行盤軸的磁通量。當電流中斷時，此一通量必定會趨近於零。因而將感應出一電場，在以軸爲中心的圓周上環繞。位於圓盤周邊的那些帶電球均將感受到與盤緣成切向的電場。這一電力對所有電荷來說都是朝同一方向，因而將形成施於盤上的淨力矩。從以上論述，我們會預期當螺線管中的電流消失時，圓盤將開始旋轉。要是我們知道圓盤的轉動慣量、螺線管中的電流以及小球上的電荷，就能算出所得到的角速度。

但我們也可做出不同的論證。利用角動量守恆原理，我們也可說圓盤及其一切附件的角動量開始時等於零，因而這整套裝置的角動量就應該維持等於零。當電流停止時，不應該有轉動發生。哪一種論證才正確呢？圓盤會轉動還是不動？我們將此問題留給你們去思考。

必須提醒你們一點：正確的答案不取決於任何非本質性的特徵，諸如電池的位置不對稱等等。事實上，你們可以考慮下述理想狀況：螺線管是由超導性導線繞成，裡面通有電流。當圓盤被小心停置好後，讓螺線管的溫度緩慢上升。當導線溫度達到超導性和正常導電性之間的相變溫度時，螺線管內的電流將因導線的電阻而降爲零。一如先前，磁通量也將減爲零，因而會有環繞軸心的電場。我們也應該提醒你們，這個答案並不簡單，但它也不是一種魔法。當你想出來時，你已經發現了一項重要的電磁學原理。

17-5 交流發電機

在本章的其餘部分，我們將應用第 17-1 節中的原理來分析第 16 章已論及的一些現象。我們首先要更詳盡的考察交流發電機，這種發電機基本上由在均勻磁場中旋轉的一個導線圈組成。同樣結果也可由一個固定線圈在其方向按上一章所描述的方式旋轉的磁場中來達成。我們只考慮前一種情況。假設我們有一圓形導線圈，可以一條直徑爲軸而旋轉。將此線圈置於與旋轉軸垂直的均勻磁場中，如圖 17-6 所示。我們並且設想導線的兩端經由某種滑動觸點而接至外部電路。

由於線圈在轉動，穿過它的磁通量將會改變。因此線圈所在的電路中就有一個電動勢。令 S 爲線圈的面積[★]，而 θ 爲磁場與線圈平面的法線之間的夾角。於是穿過線圈的通量就是

$$BS\cos\theta \tag{17.13}$$

假如線圈以等角速度 ω 旋轉， θ 將按 $\theta = \omega t$ 隨時間變化。

每一匝線圈的電動勢都會等於上述通量的變化率。假如線圈有 N 匝導線，則總電動勢將有 N 倍大，即

$$\mathcal{E} = -N\frac{d}{dt}(BS\cos\omega t) = NBS\omega\sin\omega t \tag{17.14}$$

假如我們將來自發電機的導線引至距旋轉線圈一段距離之外，那裡的磁場爲零或至少不隨時間變化，在此區域內，$\boldsymbol{E}$ 的旋度將等

★原注：既然我們用字母 A 表示向量位勢，我們寧願用 S 來表示表面積。

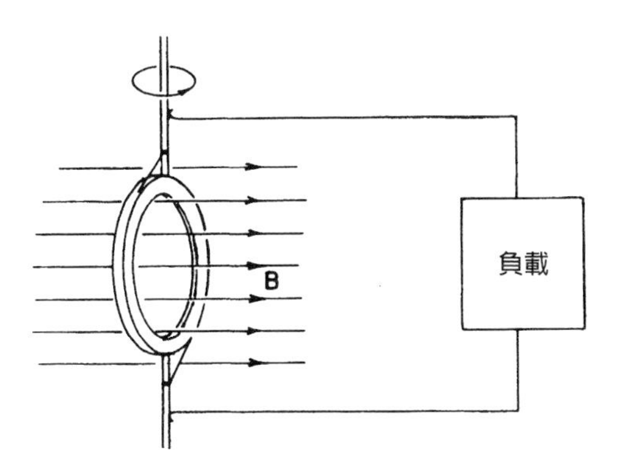

圖 17-6 一個導電線圈在均勻磁場中旋轉——交流發電機的基本概念。

於零，因而我們可定義一個電位。事實上，假如沒有電流從發電機引出，則兩導線間的電位差將等於旋轉線圈中的電動勢。即

$$V = NBS\omega \sin \omega t = V_0 \sin \omega t$$

兩導線間的電位差依 $\sin\ \omega t$ 而變化。像這樣變化中的電位差稱爲交變電壓。

既然兩導線之間存在電場，導線必然是帶電的。顯然發電機的電動勢已經把某些超額電荷推出至導線上，直到它們產生的電場強到正好抵消感應力爲止。從發電機的外面看，兩導線好像已經以靜電方式充電至具有電位差 V，而且電荷似乎是隨時間變化因而給出一個交變電位差。還有一個與靜電情況不相同之處。假如將發電機連至一個容許電流通過的外電路中，我們發現電動勢並不允許導線放電，而是當電流從導線引出來時繼續對導線供應電荷，企圖使兩導線間總是保持相同的電位差。事實上，假如發電機連至一個總電阻爲 R 的電路，則流經該電路的電流將與發電機的電動勢成正比，

而與 R 成反比。既然電動勢有一個正弦式的時間變化，則電流也如此。即有一個交變式電流

$$I=\frac{\mathcal{E}}{R}=\frac{V_0}{R}\sin\omega t$$

此電路的簡圖如圖 17-7 所示。

我們也可得知，電動勢決定了發電機能夠提供多少能量。在導線中的每一電荷都以 $\boldsymbol{F}\cdot\boldsymbol{v}$ 的變化率接受能量，其中 $\boldsymbol{F}$ 為作用在電荷上的力，而 $\boldsymbol{v}$ 為其速度。現在令每單位長度導線中的運動電荷數目為 n，則對導線任一線元素 ds 所提供的功率為

$$\boldsymbol{F}\cdot\boldsymbol{v}n\,d\boldsymbol{s}$$

對一導線而言，$\boldsymbol{v}$ 總是沿著 ds，所以可將功率表為

$$nv\boldsymbol{F}\cdot d\boldsymbol{s}$$

對整個電路提供的總功率等於上式環繞整個迴路的積分：

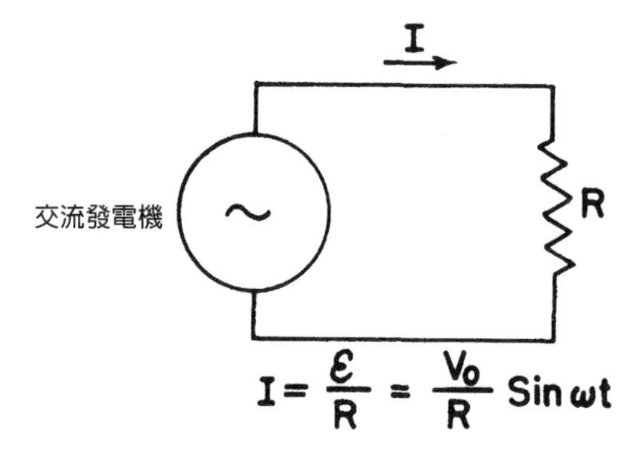

圖 17-7　包含一部交流發電機和一個電阻的電路

$$功率 = \oint nv\boldsymbol{F} \cdot d\boldsymbol{s} \tag{17.15}$$

現在應記起 qnv 就是電流 I，而電動勢被定義爲 F/q 環繞該電路的積分。我們得到如下結果：

$$發電機提供的功率 = \mathcal{E}I \tag{17.16}$$

當發電機的線圈中有電流時，也將有力學力作用於其上。事實上我們知道，作用在線圈上的力矩與磁矩、磁場強度 $\boldsymbol{B}$ 以及它們間的夾角之正弦都成正比。磁矩等於線圈中的電流乘以面積。因此力矩等於

$$\tau = NISB \sin\theta \tag{17.17}$$

爲維持線圈旋轉所必須做的力學功之變化率等於角速度 ω 乘以力矩

$$\frac{dW}{dt} = \omega\tau = \omega NISB \sin\theta \tag{17.18}$$

將上式和 (17.14) 式比較，我們看出：爲了抵抗磁力而使線圈旋轉所需的力學功之變化率正好等於 $\mathcal{E}I$，即發電機的電動勢所供給電能的變化率。發電機中用掉的全部力學能都變成電能出現在電路中。

舉出來自感應電動勢的電流和力的例子，讓我們分析在第 17-1 節中曾描述、且顯示於圖 17-1 中的那個裝置所發生的事情。有兩根平行導線和一根滑動橫棒，在與平行導線所成平面垂直的均勻磁場中。現在讓我們假設其中的（圖中左端的）U 形底是由高電阻導線製成，而兩根側導線則是由像銅一樣的良導體製成——於是我們不必擔心當橫棒移動時，電路的電阻會改變。和先前一樣，電路中的電動勢爲

$$\mathcal{E} = vBw \tag{17.19}$$

電路中的電流與此電動勢成正比，而與電路的電阻成反比：

$$I = \frac{\mathcal{E}}{R} = \frac{vBw}{R} \tag{17.20}$$

由於這個電流，將有一作用在橫棒上的磁力，該力與棒的長度、棒中的電流以及磁場均成正比，於是有

$$F = BIw \tag{17.21}$$

利用 (17.20) 式的 I，因而力為

$$F = \frac{B^2w^2}{R}v \tag{17.22}$$

我們看到：力與橫棒的速度成正比。正如你們容易明白的，力的方向與橫棒的速度相反。這種像黏力一樣與速度成正比的力，每當在磁場中移動導線而產生感應電流時都會出現。我們在上一章中舉出渦電流的例子，也會在導體上產生與導體速度成正比的力；儘管這些情況，一般說來，都會給出難以分析的複雜電流分布。

力學系統的設計中，有一些與速度成正比的阻尼力，往往是方便的。渦電流力提供了獲得這種速度依存力的最方便辦法之一。應用這種力的例子之一，就是普通的家用瓦特計。瓦特計中，有一個在永久磁鐵兩極之間旋轉的薄鋁盤。鋁盤由一部小電動機推動，轉矩與家庭電路中所消耗的功率成正比。由於盤中的渦電流力，所以有與速度成正比的阻力。當平衡時，速度與電能消耗的變化率成正比。利用連接在旋轉盤上的計數器，就能記錄盤的轉數。此讀數便是總能量消耗，即所用的瓦時數（number of watthours）的指示。

我們也可指出，(17.22) 式顯示，來自感應電流的力，亦即任何

渦電流力，均與電阻成反比。材料的導電性能愈好，此力就愈大。原因當然是由於若電阻較低，電動勢產生的電流就較強，而較強的電流又代表較大的力學力。

我們也可從相關公式看出力學能如何轉變成電能。一如從前，對電路中電阻所提供的電能是 εI 這個乘積。當導電橫棒移動時，對其所做之功的變化率是施加在棒上的力乘以棒的速度。利用關於力的 (17.22) 式，則做功的變化率爲

$$\frac{dW}{dt}=\frac{v^2B^2w^2}{R}$$

我們看到，這確實等於從 (17.19) 和 (17.20) 式所應獲得的乘積 εI。力學功又一次表現爲電能。

17-6 互感

我們現在要考慮導線線圈固定而磁場在改變的情形。當我們先前論述電流所生的磁場時，只考慮了穩定電流的情況。但只要電流是緩慢改變，則在每一時刻的磁場就幾乎與一穩定電流的磁場相同。在本節的討論中，我們將假定電流總是變化得足夠緩慢，因而前面所述是成立的。

圖 17-8 展示出兩線圈的組合，可用來演示那些讓變壓器起作用的基本效應。線圈 1 由一根繞成長螺線管形狀的導線構成。在這個線圈的外面繞著一個僅由幾匝導線構成的線圈 2 ，並與線圈 1 絕緣。現在若有一電流通過線圈 1 ，我們知道在它內部將出現磁場。此一磁場也穿過線圈 2 。當線圈 1 中的電流變化時，磁通量也會改變，因而在線圈 2 中將有一感應電動勢。現在我們要算出此一感應電動勢。

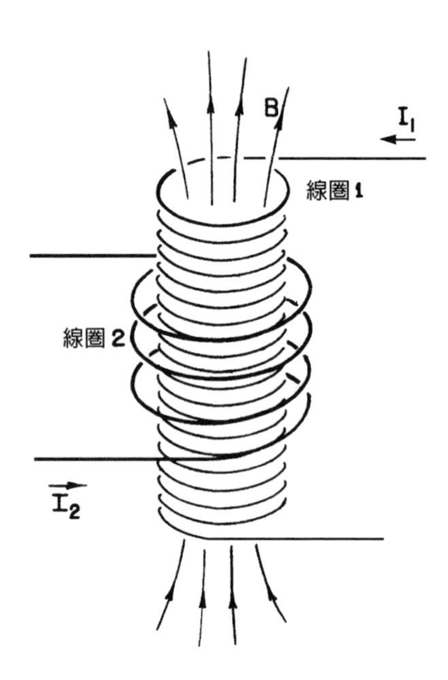

圖 17-8　線圈 1 中的電流會產生一個穿過線圈 2 的磁場。

我們已在第 13-5 節中看到，在長螺線管內，磁場是均勻的，且大小爲

$$B = \frac{1}{\epsilon_0 c^2} \frac{N_1 I_1}{l} \tag{17.23}$$

式子中，N_1 爲線圈 1 中的匝數，I_1 爲通過其中的電流，而 l 爲線圈長度。假定線圈 1 的截面積爲 S；那麼 $\boldsymbol{B}$ 的通量就是它的大小乘以 S。若線圈 2 有 N_2 匝，則這通量就環繞線圈 N_2 次。因而線圈 2 中的電動勢就由下式給出：

$$\mathcal{E}_2 = -N_2 S \frac{dB}{dt} \tag{17.24}$$

(17.23) 式中唯一隨時間變化的量爲 I_1 。因此電動勢爲

$$\mathcal{E}_2 = -\frac{N_1 N_2 S}{\epsilon_0 c^2 l}\frac{dI_1}{dt} \tag{17.25}$$

我們看到，線圈 2 中的電動勢與線圈 1 中電流的變化率成正比。此比例常數基本上是兩線圈的一個幾何因子，稱爲**互感**（mutual inductance），通常以 $\mathfrak{M}_{21}$ 表示。於是可將 (17.25) 表成

$$\mathcal{E}_2 = \mathfrak{M}_{21}\frac{dI_1}{dt} \tag{17.26}$$

假設現在我們以電流通過線圈 2 ，並且想求出線圈 1 中的電動勢。我們該算出磁場，它在各處均與電流 I_2 成正比。穿過線圈 1 的磁通連結取決於幾何形狀，但會與電流 I_2 成正比。因此線圈 1 中的電動勢再次與 dI_2/dt 成正比，我們可得

$$\mathcal{E}_1 = \mathfrak{M}_{12}\frac{dI_2}{dt} \tag{17.27}$$

$\mathfrak{M}_{12}$ 的計算比剛才對 $\mathfrak{M}_{21}$ 所做的計算要更困難。我們不打算此刻就來做這個計算，因爲我們在本章後文將證明 $\mathfrak{M}_{12}$ 必然等於 $\mathfrak{M}_{21}$ 。

由於**任一**線圈中的磁場均與其電流成正比，因此對任兩個導線線圈都可得到上述同一類型的結果。(17.26) 和 (17.27) 兩式具有相同的形式，只是常數 $\mathfrak{M}_{21}$ 和 $\mathfrak{M}_{12}$ 不同而已，它們的數值將取決於兩線圈的形狀與其相對位置。

假如我們想找出任意兩線圈之間的互感，比如圖 17-9 所示者。我們知道，線圈 1 中的電動勢其一般式可寫成

$$\mathcal{E}_1 = -\frac{d}{dt}\int_{(1)} \boldsymbol{B}\cdot\boldsymbol{n}\,da$$

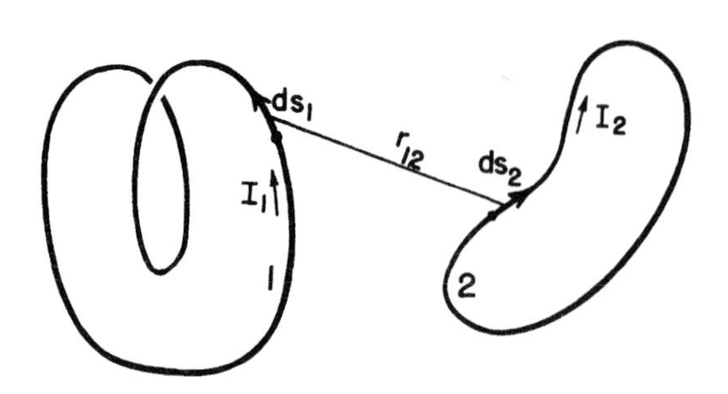

圖 17-9　兩個線圈都有與 $ds_1 \cdot ds_2/r_{12}$ 的積分成正比的互感 $\mathfrak{M}$。

式子 $\boldsymbol{B}$ 為磁場，而積分是要對電路 1 所包圍的面來求的。我們已在第 14-1 節中看到，$\boldsymbol{B}$ 的面積分可以聯繫到一個向量位勢的線積分。具體的說，

$$\int_{(1)} \boldsymbol{B} \cdot \boldsymbol{n}\, da = \oint_{(1)} \boldsymbol{A} \cdot d\boldsymbol{s}_1$$

式子中 $\boldsymbol{A}$ 代表向量位勢，而 $d\boldsymbol{s}_1$ 則是電路 1 中的線元素。此線積分是環繞電路 1 來求的。因此線圈 1 的電動勢可表成

$$\mathcal{E}_1 = -\frac{d}{dt} \oint_{(1)} \boldsymbol{A} \cdot d\boldsymbol{s}_1 \tag{17.28}$$

現在讓我們假定在電路 1 處的向量位勢來自電路 2 中的電流。此向量位勢可寫成環繞電路 2 的線積分：

$$\boldsymbol{A} = \frac{1}{4\pi\epsilon_0 c^2} \oint_{(2)} \frac{I_2\, d\boldsymbol{s}_2}{r_{12}} \tag{17.29}$$

式中 I_2 是電路 2 中的電流，而 r_{12} 是從電路 2 中的線元素 ds_2 至我們正在計算其向量位勢的電路 1 上那一點之間的距離（見圖 17-9）。比較(17.28)和(17.29)兩式，我們可將電路 1 中的電動勢表成雙重線積分：

$$\mathcal{E}_1 = -\frac{1}{4\pi\epsilon_0 c^2}\frac{d}{dt}\oint_{(1)}\oint_{(2)}\frac{I_2\,ds_2}{r_{12}}\cdot ds_1$$

式子中的積分全都是對於固定電路來求的。唯一與積分無關的變量只有電流 I_2，因而我們可將它提到兩個積分符號外。於是電動勢可寫成

$$\mathcal{E}_1 = \mathfrak{M}_{12}\frac{dI_2}{dt}$$

式子中係數 $\mathfrak{M}_{12}$ 為

$$\mathfrak{M}_{12} = -\frac{1}{4\pi\epsilon_0 c^2}\oint_{(1)}\oint_{(2)}\frac{ds_2\cdot ds_1}{r_{12}} \tag{17.30}$$

我們從此一積分可看出：$\mathfrak{M}_{12}$ 只與電路的幾何形狀有關。它取決於兩電路間的一種平均距離，而在求平均值時，兩線圈間互相平行的那些節段的權值最重。我們的式子可用來計算兩任意形狀的電路之間的互感。而且，這顯示對於 $\mathfrak{M}_{12}$ 的積分與對於 $\mathfrak{M}_{21}$ 的積分完全相同。對於只有兩線圈的系統，$\mathfrak{M}_{12}$ 和 $\mathfrak{M}_{21}$ 這兩個係數常用一個沒有下標的 $\mathfrak{M}$ 符號來表示，並簡稱為**互感**：

$$\mathfrak{M}_{12} = \mathfrak{M}_{21} = \mathfrak{M}$$

17-7 自感

在討論圖 17-8 或圖 17-9 的兩線圈中的感應電動勢時，我們只考慮了其中一個線圈有電流的情形。假如兩線圈同時載有電流，則聯繫到每一線圈的磁通量就是分開存在的兩通量之和，因爲疊加定律對於磁場是適用的。因此每個線圈中的電動勢不只與另一線圈中的電流變化成正比，而且也與該線圈本身的電流變化成正比。於是線圈 2 中的電動勢應寫成★

$$\mathcal{E}_2 = \mathfrak{M}_{21}\frac{dI_1}{dt} + \mathfrak{M}_{22}\frac{dI_2}{dt} \tag{17.31}$$

同理，線圈 1 中的電動勢不僅取決於線圈 2 中的電流變化，而且也取決於本身中變化的電流：

$$\mathcal{E}_1 = \mathfrak{M}_{12}\frac{dI_2}{dt} + \mathfrak{M}_{11}\frac{dI_1}{dt} \tag{17.32}$$

係數 $\mathfrak{M}_{22}$ 和 $\mathfrak{M}_{11}$ 永遠都是負數。通常表示如下

$$\mathfrak{M}_{11} = -\mathfrak{L}_1, \qquad \mathfrak{M}_{22} = -\mathfrak{L}_2 \tag{17.33}$$

式中 $\mathfrak{L}_1$ 和 $\mathfrak{L}_2$ 分別稱爲兩線圈的**自感**。

當然，即使只有一個線圈，自感電動勢仍然存在。任一線圈本身總有一個自感 $\mathfrak{L}$。電動勢將與其中電流的變化率成正比。對於單一線圈，通常採用下述慣例：假如電動勢與電流的方向相同，則將它們當成是正的。依此慣例，我們可將單一線圈的電動勢寫成

★原注：(17.31) 和 (17.32) 式中的係數 $\mathfrak{M}_{12}$ 和 $\mathfrak{M}_{21}$ 的正負號，取決於兩線圈中正電流的流向這個任意選擇。

$$\mathcal{E} = -\mathcal{L}\frac{dI}{dt} \tag{17.34}$$

負號表示電動勢反抗電流的改變──故常稱爲「反電動勢」(back emf)。

既然任一線圈都有反抗電流改變的自感，可說線圈中的電流具有某種慣性。事實上，假如我們想要改變線圈中的電流，則必須將線圈接至如電池或發電機的外電壓源，以克服這一慣性，如示意圖17-10(a) 所示。在這樣一個電路中，電流依下式取決於電壓 $\mathcal{V}$：

$$\mathcal{V} = \mathcal{L}\frac{dI}{dt} \tag{17.35}$$

上述方程式與一維質點運動的牛頓定律具有相同的形式，因此我們可以按「相同的方程式具有相同的解」這一原則來研究。這

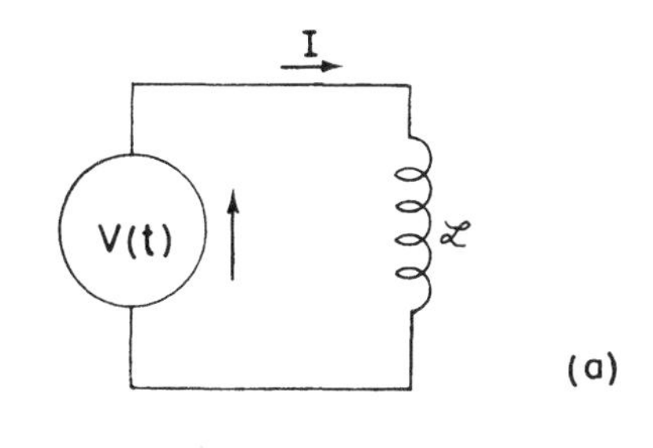

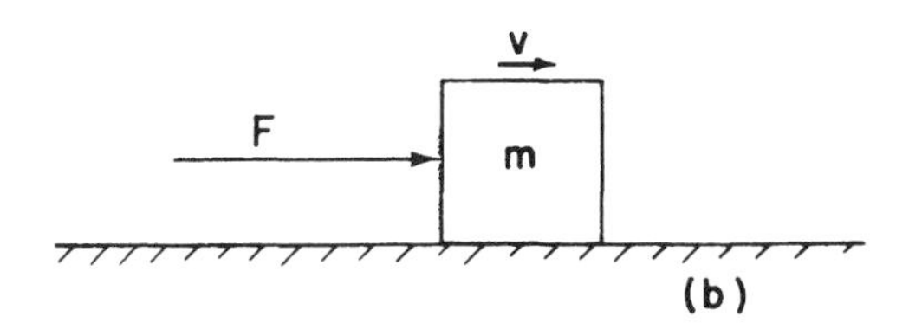

圖 17-10 (a) 含有一電壓源與一自感的電路；(b) 類似的力學系統。

樣，如將外加電壓 $\mathcal{V}$ 對應到所施的外力 F 、線圈中的電流 I 對應到質點的速度 v ，則線圈的自感 $\mathfrak{L}$ 就該對應到質點的質量 m 。* 請見圖 17-10(b)。我們可將各對應量列如下表：

表 17-1

質點	線圈
F（力）	$\mathcal{V}$（電位差）
v（速度）	I（電流）
x（位移）	q（電荷）
$F = m\dfrac{dv}{dt}$	$\mathcal{V} = \mathfrak{L}\dfrac{dI}{dt}$
mv（動量）	$\mathfrak{L}I$
$\frac{1}{2}mv^2$（動能）	$\frac{1}{2}\mathfrak{L}I^2$（磁能）

17-8 電感與磁能

繼續上一節中的類比，我們會期待：對應於其變化率等於外力的力學動量 mv ，應該有一個等於 $\mathfrak{L}I$ 的類似量，其變化率為 $\mathcal{V}$ 。當然，我們並沒有任何權利說 $\mathfrak{L}I$ 就是電路的眞實動量；事實上，它並不是。整個電路可能靜止不動，而沒有任何動量。 $\mathfrak{L}I$ 與動量 mv 類似的意思，只是指它們都滿足相對應的方程式。同樣，對於動能 $\frac{1}{2}mv^2$ ，也有一個類似量 $\frac{1}{2}\mathfrak{L}I^2$ 與它對應。但此處我們有個驚喜，這個 $\frac{1}{2}\mathfrak{L}I^2$ 在電的情形下確實也是能量。這是因爲對電感做功的變化率等於 $\mathcal{V}I$ ，而它在力學系統中的對應量正是 Fv 。因此，就能量而言，相關量不但在數學上彼此對應，而且也具有相同的物理意義。

我們在下文可更詳盡瞭解這一點。就如我們在 (17.16) 式曾得到的，由感應力所做電功的變化率等於電動勢與電流之乘積：

$$\frac{dW}{dt} = \mathcal{E}I$$

將 (17.34) 式中以電流表出的 $\mathcal{E}$ 代入，我們有

$$\frac{dW}{dt} = -\mathfrak{L}I\frac{dI}{dt} \tag{17.36}$$

對上式進行積分，我們發現：在建立電流過程中所必需從外電源取得用以克服自感電動勢的能量◆（這應該等於所儲存的能量 U）爲

$$-W = U = \tfrac{1}{2}\mathfrak{L}I^2 \tag{17.37}$$

因此儲存在自感中的能量就是 $\frac{1}{2}\mathfrak{L}I^2$。

將同樣的論證應用於如圖 17-8 或 17-9 所示的一對線圈，我們可證明此系統的總電能由下式給出：

$$U = \tfrac{1}{2}\mathfrak{L}_1I_1^2 + \tfrac{1}{2}\mathfrak{L}_2I_2^2 + \mathfrak{M}I_1I_2 \tag{17.38}$$

因爲，設兩線圈中都從 $I = 0$ 開始，我們可以先接通線圈 1 中的電流 I_1，而讓 $I_2 = 0$。所做的功就是 $\frac{1}{2}\mathfrak{L}_1I_1^2$。但現在當接通 I_2 時，我們不僅要做 $\frac{1}{2}\mathfrak{L}_2I_2^2$ 的功，以對抗電路 2 中的電動勢，還要做額外的功 $\mathfrak{M}I_1I_2$，後者等於電路 1 中之電動勢 $\mathfrak{M}(dI_2/dt)$ 對時間的積分乘以

★原注：碰巧，這並**不是**在力學量與電學量之間建立對應關係的**唯一**途徑。

◆原注：我們忽略了電流在線圈的電阻中變成熱而損耗掉的任何能量。這種損耗要求來自電源的額外能量，但不會改變進入電感中的能量。

此時已存在於該電路中的**恆定**電流 I_1。

假設我們現在想要找出各載有電流 I_1 和 I_2 的兩個線圈之間的力。我們起初也許會預期，可以經由取 (17.38) 式中能量的變化而利用虛功原理。當然，我們得記住，當改變兩線圈的相對位置時，唯一改變的量就是互感 $\mathfrak{M}$。這樣我們也許會將虛功方程式寫成

$$-F\Delta x = \Delta U = I_1 I_2 \Delta\mathfrak{M} \text{（錯誤的）}$$

但上式是錯誤的，因為正如我們以前曾見過的，它只包括兩線圈中能量的變化，而沒有包括為維持電流 I_1 和 I_2 保持恆定值的那些電源的能量變化。現在我們能夠理解，這些電源必須在線圈移動時供應能量，以對抗線圈中的感應電動勢。假如我們想要正確應用虛功原理，就必須將這些能量包括進來。然而，正如我們曾見過的，有一條捷徑可走，只要記起總能量等於稱為 $U_{力學}$ 的力學能的負值，再利用虛功原理即可。我們因而可將力寫成

$$-F\Delta x = -\Delta U_{力學} \tag{17.39}$$

於是兩線圈之間的力便由下式給出

$$F\Delta x = I_1 I_2 \Delta\mathfrak{M}$$

這個兩線圈系統的能量表達式 (17.38) 可以用來證明，在兩線圈的互感 $\mathfrak{M}$ 與其個別自感 $\mathfrak{L}_1$ 和 $\mathfrak{L}_2$ 間存在一個有趣的不等式。十分清楚，兩線圈的能量都必須是正的。假如將兩線圈的電流從零開始增加到某個值，則我們已經在對系統輸入能量。要不然的話，電流將自發增加，且同時對世界的其他部分釋出能量——這是不太可能發生的事！現在我們的能量表達式 (17.38) 也可寫成如下形式：

$$U = \frac{1}{2}\mathfrak{L}_1\left(I_1 + \frac{\mathfrak{M}}{\mathfrak{L}_1}I_2\right)^2 + \frac{1}{2}\left(\mathfrak{L}_2 - \frac{\mathfrak{M}^2}{\mathfrak{L}_1}\right)I_2^2 \tag{17.40}$$

這不過是一個代數變換式。這個量對任意的 I_1 和 I_2 值都必須永遠爲正。特別是，即使 I_2 剛好具有如下特殊值

$$I_2 = -\frac{\mathfrak{L}_1}{\mathfrak{M}}I_1 \tag{17.41}$$

它仍應該是正的。但有了這個 I_2，(17.40) 式中等號右邊的首項便是零。假如能量一定爲正，則 (17.40) 式中的末項就必須大於零。我們因而有如下要求

$$\mathfrak{L}_1\mathfrak{L}_2 > \mathfrak{M}^2$$

這樣我們就證明了一個普遍的結果：任意兩線圈之間的互感 $\mathfrak{M}$ 必然會小於或等於該兩自感的幾何平均數。（$\mathfrak{M}$ 本身是可正可負的，取決於對電流 I_1 和 I_2 的正負號約定。）

$$|\mathfrak{M}| < \sqrt{\mathfrak{L}_1\mathfrak{L}_2} \tag{17.42}$$

$\mathfrak{M}$ 與自感的關係常寫成

$$\mathfrak{M} = k\sqrt{\mathfrak{L}_1\mathfrak{L}_2} \tag{17.43}$$

常數 k 稱爲耦合係數。假如來自一個線圈的通量大部分貫穿另一個線圈，則此耦合係數接近 1；我們稱此兩線圈是「密耦合的」。假如兩線圈相距很遠，或被安排成互相貫穿的通量很小，則耦合係數接近於 0，因而互感便非常小。

爲計算兩線圈的互感，我們曾在 (17.30) 式給出環繞兩電路的雙重線積分的公式。我們或許會認爲，這一公式也可用來計算單一線圈的自感，只要我們環繞同一線圈來計算兩個線積分即可。可是這

辦法行不通，因爲環繞兩線圈積分時，若兩線元素落在同一點，則被積函數的分母 r_{12} 將趨近於零。於是用此式得到的自感將是無限大。理由如下：此公式乃是一種近似，只有當兩線圈的截面比從一電路至另一電路的距離爲小時才成立。很清楚，此近似對單一線圈並不成立。事實上，當單一線圈的導線直徑變得愈來愈小時，其自感將以對數方式趨近於無限大。

因而，我們必須尋找不同的方法來計算單一線圈的自感。有必要考慮導線內電流的分布，因爲導線的大小是重要的參數。因此，我們不應問一個「電路」的電感爲何，而應問若干導體所成**分布**的電感爲何。也許找出此電感的最簡易方式是利用磁能。我們以前在第 15-3 節中就已求得一個穩定電流分布其磁能的表達式

$$U = \frac{1}{2}\int \boldsymbol{j}\cdot\boldsymbol{A}\,dV \tag{17.44}$$

若已知電流密度 $\boldsymbol{j}$ 的分布，便可算出向量位勢 $\boldsymbol{A}$ ，並進而算出 (17.44) 式的積分，而得到能量。此能量等於自感的磁能，即 $\frac{1}{2}\mathfrak{L}I^2$ 。令這兩項相等便得到自感的公式

$$\mathfrak{L} = \frac{1}{I^2}\int \boldsymbol{j}\cdot\boldsymbol{A}\,dV \tag{17.45}$$

當然，我們期望自感是只與電路的幾何形狀有關而與電路中的電流無關的數值。(17.45) 式確實能給出這樣的結果，因爲公式中的積分與電流的平方成正比——電流在 $\boldsymbol{j}$ 中出現一次，而在向量位勢 $\boldsymbol{A}$ 中又出現一次。此一積分除以 I^2 ，便只與電路的幾何形狀有關，而與電流 I 無關了。

我們可以將電流分布的能量方程式 (17.44) 式轉換成相當不同的形式，有時更便於計算。並且，正如我們以後將見到的，這是很重要的形式，因爲它在更普遍的情形下仍成立。在能量方程式 (17.44)

式中，$\boldsymbol{A}$ 和 $\boldsymbol{j}$ 兩者皆可聯繫到 $\boldsymbol{B}$ ，因此我們可期望將此能量用磁場來表示——正如我們可以將靜電能聯繫到電場那樣。我們從用 $\epsilon_0 c^2 \nabla \times \boldsymbol{B}$ 代替 $\boldsymbol{j}$ 開始。但我們無法如此輕易取代 $\boldsymbol{A}$ ，因爲 $\boldsymbol{B} = \nabla \times \boldsymbol{A}$ 並不能顛倒過來用 $\boldsymbol{B}$ 表示 $\boldsymbol{A}$ 。無論如何，我們可寫出

$$U = \frac{\epsilon_0 c^2}{2} \int (\nabla \times \boldsymbol{B}) \cdot \boldsymbol{A}\, dV \tag{17.46}$$

有趣的是，附帶一些限制條件，上述積分可寫成

$$U = \frac{\epsilon_0 c^2}{2} \int \boldsymbol{B} \cdot (\nabla \times \boldsymbol{A})\, dV \tag{17.47}$$

爲了看出這一點，我們將其中一個典型項詳細寫出。假設我們從(17.46)式的積分中取出$(\nabla \times \boldsymbol{B})_z A_z$ 這一項。將各分量寫出，便得到

$$\int \left(\frac{\partial B_y}{\partial x} - \frac{\partial B_x}{\partial y} \right) A_z\, dx\, dy\, dz$$

（當然，還有兩個同類形的積分。）我們現在將第一項對 x 積分——用部分積分法。這就是說，我們有

$$\int \frac{\partial B_y}{\partial x} A_z\, dx = B_y A_z - \int B_y \frac{\partial A_z}{\partial x}\, dx$$

現在假定我們的系統，指各源及各場，乃是有限的，因而在遠處所有的場都趨近於零。於是，若積分是對整個空間來求的，則在此極限下，$B_y A_z$ 這個項將爲零。剩下的只有 $B_y(\partial A_z/\partial x)$，這顯然是 $B_y(\nabla \times \boldsymbol{A})_y$ 的一部分，因而也就是 $\boldsymbol{B} \cdot (\nabla \times \boldsymbol{A})$ 的一部分。假如你們算出其餘五項，將看到 (17.47) 式確實等於 (17.46) 式。

但現在我們可以用 $\boldsymbol{B}$ 來代替 $\nabla \times \boldsymbol{A}$ ，因而可得

$$U = \frac{\epsilon_0 c^2}{2} \int \boldsymbol{B} \cdot \boldsymbol{B}\, dV \tag{17.48}$$

我們只用磁場就表示了靜磁情況的能量。這一式子密切對應到我們以前找到的靜電能公式

$$U = \frac{\epsilon_0}{2} \int \boldsymbol{E} \cdot \boldsymbol{E}\, dV \tag{17.49}$$

我們強調以上兩個能量公式的原因之一是，有時它們更便於應用。更重要的是，事實證明：(17.48) 和 (17.49) 兩式對於動態場（當 $\boldsymbol{E}$ 和 $\boldsymbol{B}$ 隨時間變化時）仍然成立，而我們以前給出的電能與磁能的其他公式則不再正確——它們只適用於靜態場。

假若我們知道單一線圈的磁場 $\boldsymbol{B}$ ，則可以令能量式 (17.48) 等於 $\frac{1}{2}\mathfrak{L} I^2$ ，而找出自感。讓我們經由找出長螺線管的自感，來看看這是如何運作的。我們前面已看到螺線管內的磁場是均勻的，而管外的 $\boldsymbol{B}$ 則爲零。管內磁場的大小爲 $B = nI/\epsilon_0 c^2$ ，其中 n 爲每單位長度的繞線匝數，而 I 爲電流。假若線圈的半徑爲 r ，且長度爲 L（我們取 L 爲十分長，即 $L >> r$ ，因而可忽略末端效應），則管內體積爲 $\pi r^2 L$ 。於是磁能等於

$$U = \frac{\epsilon_0 c^2}{2} B^2 \cdot (\text{體積}) = \frac{n^2 I^2}{2\epsilon_0 c^2} \pi r^2 L$$

此式等於 $\frac{1}{2}\mathfrak{L} I^2$ ，亦即

$$\mathfrak{L} = \frac{\pi r^2 n^2}{\epsilon_0 c^2} L \tag{17.50}$$

The Feynman

閱讀筆記

國家圖書館出版品預行編目資料

費曼物理學講義. II, 電磁與物質. 2：介電質、磁與感應定律 / 費曼(Richard P. Feynman), 雷頓(Robert B. Leighton), 山德士(Matthew Sands)著；李精益譯. -- 第二版. -- 臺北市：遠見天下文化, 2018.04

面； 公分. --（知識的世界；1223）

譯自：The Feynman lectures on physics, the new millennium ed., volume II

ISBN 978-986-479-432-4（平裝）

1.物理學 2.電磁學

330 107005793

知識的世界 1223

費曼物理學講義 II——電磁與物質

(2)介電質、磁與感應定律

原　　著／費曼、雷頓、山德士
譯　　者／李精益
審 訂 者／高涌泉
顧 問 群／林和、牟中原、李國偉、周成功

總編輯／吳佩穎
編輯顧問／林榮崧
責任編輯／徐仕美、林文珠　　特約校對／楊樹基
美術編輯暨封面設計／江儀玲

出 版 者／遠見天下文化出版股份有限公司
創 辦 人／高希均、王力行
遠見・天下文化・事業群　董事長／高希均
事業群發行人／CEO／王力行
天下文化社長／林天來
天下文化總經理／林芳燕
國際事務開發部兼版權中心總監／潘欣
法律顧問／理律法律事務所陳長文律師　　著作權顧問／魏啓翔律師
社　　址／台北市 104 松江路 93 巷 1 號 2 樓
讀者服務專線／（02）2662-0012　　傳真／（02）2662-0007；2662-0009
電子信箱／cwpc@cwgv.com.tw
直接郵撥帳號／1326703-6 號　遠見天下文化出版股份有限公司

電腦排版／極翔企業有限公司
製 版 廠／東豪印刷事業有限公司
印 刷 廠／中原造像股份有限公司
裝 訂 廠／中原造像股份有限公司
登 記 證／局版台業字第 2517 號
總 經 銷／大和書報圖書股份有限公司　電話／（02）8990-2588
出版日期／2022 年 6 月 30 日第二版第 5 次印行

定　　價／**400** 元
原著書名／**THE FEYNMAN LECTURES ON PHYSICS: The New Millennium Edition, Volume II**
by Richard P. Feynman, Robert B. Leighton and Matthew Sands

ISBN: 978-986-479-432-4（英文版 ISBN: 978-0-465-02494-0）

書號：BBW1223

天下文化官網　bookzone.cwgv.com.tw